▶ 乡村振兴之农民素质教育提升系列丛书

新时代
三农政策

邹春丽　倪玉平　白生虎/主编

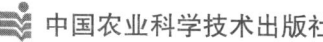

中国农业科学技术出版社

图书在版编目（CIP）数据

新时代三农政策 / 邹春丽，倪玉平，白生虎主编．－－北京：中国农业科学技术出版社，2022.6
　　ISBN 978-7-5116-5738-1

Ⅰ．①新… Ⅱ．①邹… ②倪… ③白… Ⅲ．①三农政策—中国 Ⅳ．① F320

中国版本图书馆 CIP 数据核字（2022）第 064605 号

责任编辑　白姗姗
责任校对　李向荣
责任印制　姜义伟　王思文

出 版 者	中国农业科学技术出版社 北京市中关村南大街 12 号　邮编：100081
电　　话	（010）82106638（编辑室）（010）82109702（发行部） （010）82109702（读者服务部）
传　　真	（010）82106638
网　　址	http://www.castp.cn
经 销 者	各地新华书店
印 刷 者	北京富泰印刷有限责任公司
开　　本	140 mm×203 mm　1/32
印　　张	6
字　　数	170 千字
版　　次	2022 年 6 月第 1 版　2022 年 6 月第 1 次印刷
定　　价	32.00 元

◆版权所有·侵权必究▶

《新时代三农政策》编委会

主　编　邹春丽　倪玉平　白生虎

副主编　张会文　王　康　王　霞　尹红艳
　　　　　李　烈　康　义　刘小平　张　琼
　　　　　王艳霞　金春丽　李春艳　刘欣颖
　　　　　柳蕴芬　李盛娟　吕佩佩　苗志华
　　　　　孙晓艳　金云云　王　斌　谢寿鹏
　　　　　王天颐　贾启建　王俊荣　李继业
　　　　　王庆萍　高文娟　彭　敏

编　委　邱晓东　陈　伟　李　鹏　刘　珂
　　　　　周银华　陈香正　李福军　范以香
　　　　　陈　佳

前　言

党的十九大以来，党中央、国务院坚持把解决好"三农"问题作为全党工作的重中之重，持续加大强农、惠农、富农政策力度，巩固和拓展脱贫攻坚成果，全面推进乡村振兴，促进农业高质高效、乡村宜居宜业、农民富裕富足，加快农业农村现代化，制定了一系列方针政策。

本书主要选取了党的十九大以来，党和国家实施的关于农业、农村和农民的各项惠农政策。从全面推进乡村振兴，加快农业农村现代化；深化农村土地制度改革，促进农村土地资源优化配置；发展多种形式的适度规模经营，推进现代农业经营体系建设；完善强农惠农富农政策，促进农民持续增收；加强农业生态保护，推进农业绿色发展；加快乡村基础建设，促进乡村宜居宜业；加大改善民生力度，增强农民的获得感、幸福感、安全感7个方面进行了详细介绍。本书注重实用实效，力求通俗易懂，能够帮助广大农村干部和农民朋友全面清晰地了解当前农业农村经济形势和新时代"三农"政策，也能够为推进实施乡村振兴战略进程、加快农业农村现代化建设发挥一定的作用。

由于编写时间仓促和编者水平有限，书中难免存在不足之处，欢迎广大读者批评指正。

编　者

2021年12月

目 录

第一章 全面推进乡村振兴,加快农业农村现代化 ……… 1
  第一节 乡村振兴战略 ……………………………… 1
  第二节 高质量发展畜牧业 ………………………… 10
  第三节 高质量建设现代农业产业园 ……………… 14
  第四节 关于全面推进乡村振兴加快农业农村现代化的意见
    ……………………………………………………… 17

第二章 深化农村土地制度改革,促进农村土地资源优化配置 ……………………………………………… 33
  第一节 农村土地承包 ……………………………… 33
  第二节 科学合理利用耕地资源 …………………… 41
  第三节 农村土地经营权流转 ……………………… 45
  第四节 高标准农田建设规划 ……………………… 47

第三章 发展多种形式的适度规模经营,推进现代农业经营体系建设 ………………………………… 55
  第一节 农民合作社规范提升行动 ………………… 55
  第二节 家庭农场培育计划 ………………………… 60
  第三节 小农户和现代农业有机衔接 ……………… 65
  第四节 新型农业经营主体和服务主体高质量发展 ……… 76

第四章 完善强农惠农富农政策，促进农民持续增收 ……87
  第一节 重点强农惠农政策 ……87
  第二节 农机购置补贴 ……96
  第三节 农业机械报废更新补贴 ……102
  第四节 农业保险政策 ……107
  第五节 社会资本投资农业农村指引 ……117

第五章 加强农业生态保护，推进农业绿色发展 …… 122
  第一节 《农药管理条例》解读 ……122
  第二节 规范水产养殖投入品使用 ……125
  第三节 农用薄膜管理办法 ……128
  第四节 畜禽养殖粪污资源化利用 ……130

第六章 加快乡村基础建设，促进乡村宜居宜业 …… 136
  第一节 乡村基础设施建设 ……136
  第二节 提升农村公共服务水平 ……141
  第三节 整治提升农村人居环境 ……148
  第四节 数字农业农村发展规划 ……158
  第五节 扩大农业农村有效投资 ……163

第七章 加大改善民生力度，增强农民的获得感、幸福感、安全感 …… 169
  第一节 农村居民社会保障政策 ……169
  第二节 留守人群保障服务政策 ……173
  第三节 农村创新创业带头人培育行动 ……176

主要参考文献 ……182

第一章 全面推进乡村振兴，加快农业农村现代化

第一节 乡村振兴战略

实施乡村振兴战略，是党的十九大作出的重大决策部署。遵照党中央、国务院决策部署，依据2018年中央一号文件（即《中共中央 国务院关于实施乡村振兴战略的意见》），国家发展改革委牵头会同有关部门编制了《乡村振兴战略规划（2018—2022年）》，并由中共中央、国务院印发实施。

一、乡村振兴战略的总体要求

（一）指导思想

深入贯彻习近平新时代中国特色社会主义思想，深入贯彻党的十九大和十九届二中、三中全会精神，加强党对"三农"工作的全面领导，坚持稳中求进工作总基调，牢固树立新发展理念，落实高质量发展要求，紧紧围绕统筹推进"五位一体"总体布局和协调推进"四个全面"战略布局，坚持把解决好"三农"问题作为全党工作重中之重，坚持农业农村优先发展，按照产业兴旺、生态宜居、乡风文明、治理有效、生活富裕的总要求，建立健全城乡融合发展体制机制和政策体系，统筹推进农村经济建设、政治建设、文化建设、社会建设、生态文明建设和党的建设，加快推进乡村治理体系和治理能力现代化，加快推进农业农

村现代化，走中国特色社会主义乡村振兴道路，让农业成为有奔头的产业，让农民成为有吸引力的职业，让农村成为安居乐业的美丽家园。

（二）基本原则

1. 坚持党管农村工作

毫不动摇地坚持和加强党对农村工作的领导，健全党管农村工作方面的领导体制机制和党内法规，确保党在农村工作中始终总揽全局、协调各方，为乡村振兴提供坚强有力的政治保障。

2. 坚持农业农村优先发展

把实现乡村振兴作为全党的共同意志、共同行动，做到认识统一、步调一致，在干部配备上优先考虑，在要素配置上优先满足，在资金投入上优先保障，在公共服务上优先安排，加快补齐农业农村短板。

3. 坚持农民主体地位

充分尊重农民意愿，切实发挥农民在乡村振兴中的主体作用，调动亿万农民的积极性、主动性、创造性，把维护农民群众根本利益、促进农民共同富裕作为出发点和落脚点，促进农民持续增收，不断提升农民的获得感、幸福感、安全感。

4. 坚持乡村全面振兴

准确把握乡村振兴的科学内涵，挖掘乡村多种功能和价值，统筹谋划农村经济建设、政治建设、文化建设、社会建设、生态文明建设和党的建设，注重协同性、关联性，整体部署，协调推进。

5. 坚持城乡融合发展

坚决破除体制机制弊端，使市场在资源配置中起决定性作用，更好发挥政府作用，推动城乡要素自由流动、平等交换，推动新型工业化、信息化、城镇化、农业现代化同步发展，加快形成工农互促、城乡互补、全面融合、共同繁荣的新型工农城乡关系。

6. 坚持人与自然和谐共生

牢固树立和践行绿水青山就是金山银山的理念，落实节约优先、保护优先、自然恢复为主的方针，统筹山水林田湖草系统治理，严守生态保护红线，以绿色发展引领乡村振兴。

7. 坚持改革创新、激发活力

不断深化农村改革，扩大农业对外开放，激活主体、激活要素、激活市场，调动各方力量投身乡村振兴。以科技创新引领和支撑乡村振兴，以人才汇聚推动和保障乡村振兴，增强农业农村自我发展动力。

8. 坚持因地制宜、循序渐进

科学把握乡村的差异性和发展走势分化特征，做好顶层设计，注重规划先行、因势利导，分类施策、突出重点，体现特色、丰富多彩。既尽力而为，又量力而行，不搞层层加码，不搞"一刀切"，不搞形式主义和形象工程，久久为功，扎实推进。

（三）发展目标

到2020年，乡村振兴的制度框架和政策体系基本形成，各地区各部门乡村振兴的思路举措得以确立，全面建成小康社会的目标如期实现。到2022年，乡村振兴的制度框架和政策体系初步健全。国家粮食安全保障水平进一步提高，现代农业体系初步构建，农业绿色发展全面推进；农村一二三产业融合发展格局初步形成，乡村产业加快发展，农民收入水平进一步提高，脱贫攻坚成果得到进一步巩固；农村基础设施条件持续改善，城乡统一的社会保障制度体系基本建立；农村人居环境显著改善，生态宜居的美丽乡村建设扎实推进；城乡融合发展体制机制初步建立，农村基本公共服务水平进一步提升；乡村优秀传统文化得以传承和发展，农民精神文化生活需求基本得到满足；以党组织为核心的农村基层组织建设明显加强，乡村治理能力进一步提升，现代乡村治理体系初步构建。探索形成一批各具特色的乡村振兴模式和经验，乡村振兴取得阶段性成果。

（四）远景谋划

到 2035 年，乡村振兴取得决定性进展，农业农村现代化基本实现。农业结构得到根本性改善，农民就业质量显著提高，相对贫困进一步缓解，共同富裕迈出坚实步伐；城乡基本公共服务均等化基本实现，城乡融合发展体制机制更加完善；乡风文明达到新高度，乡村治理体系更加完善；农村生态环境根本好转，生态宜居的美丽乡村基本实现。

到 2050 年，乡村全面振兴，农业强、农村美、农民富全面实现。

二、乡村振兴战略的总体思路

（一）乡村振兴，产业兴旺是重点

习近平总书记在参加山东代表团审议时强调，要推动乡村产业振兴，紧紧围绕发展现代农业，围绕农村一二三产业融合发展，构建乡村产业体系，实现产业兴旺。乡村振兴，不仅要农业兴，更要百业旺。五谷丰登、六畜兴旺、三产深度融合，是乡村振兴的重要标志。产业发展是激发乡村活力的基础所在。当前，我国农业正处在转变发展方式、优化经济结构、转换增长动力的攻关期，要坚持质量兴农、绿色兴农，以农业供给侧结构性改革为主线，夯实农业生产能力基础，加快构建现代农业产业体系、生产体系、经营体系，建立健全农村一二三产业融合发展体系，统筹兼顾培育新型农业经营主体和扶持小农户，促进小农户和现代农业发展有机衔接，优化农业资源配置，着力促进农业节本增效，提高农业创新力、竞争力和全要素生产率，加快实现由农业大国向农业强国转变。乡村振兴，离不开乡村经济的多元化。要充分挖掘乡村多种功能和价值，大力发展休闲农业、乡村旅游和农村电商等农村新产业新业态，使之成为乡村振兴的重要支撑力量。

（二）乡村振兴，生态宜居是关键

良好生态环境是农村最大优势和宝贵财富。美丽中国，要靠美丽乡村打底色。要牢固树立和践行"绿水青山就是金山银山"的理念，落实节约优先、保护优先、自然恢复为主的方针，统筹山水林田湖草系统治理，加强农村突出环境问题综合治理，严守生态保护红线，增加农业生态产品供给，提高农业生态服务能力，推动乡村自然资本加快增值，让老百姓种下的"常青树"真正变成"摇钱树"，让更多的老百姓吃上"生态饭"，让绿水青山真正成为兴村富民的金山银山。

（三）乡村振兴，乡风文明是保障

乡村振兴，既要塑形，也要铸魂，要形成文明乡风、良好家风、淳朴民风，焕发乡风文明新气象。习近平总书记在党的十九大后的首次调研中，就对实施乡村振兴战略提出明确要求：实施乡村振兴战略，不能光看农民口袋里的票子有多少，更要看农民的精神风貌怎么样。乡村是否振兴，要看农民的精气神旺不旺，看乡风好不好，看人心齐不齐。必须以社会主义核心价值观为引领，坚持教育引导、实践养成、制度保障三管齐下，采取符合农村特点的有效方式，加强农村思想道德建设，加强农村公共文化建设，开展移风易俗行动，弘扬乡村文明。传承发展提升农村优秀传统文化，是乡村振兴的重要课题。要加强传统村落保护，深入挖掘农村特色文化，加强对非物质文化遗产的整理、提升、展示和宣传。

（四）乡村振兴，治理有效是基础

乡村振兴离不开稳定和谐的社会环境。当前，农村正处于社会转型关键期，人口老龄化、村庄空心化、家庭离散化态势加剧，村庄缺人气、缺活力、缺生机等现象普遍存在，"三留守"问题突出，农村基层组织软弱涣散现象比较严重。乡村治理是国家治理的基石。必须把夯实基层基础作为固本之策，建立健全党委领导、政府负责、社会协同、公众参与、法治保障的现代乡村社会治理体制，坚持自治、法治、德治相结合，加强农村基层党组织建设，深化村民自治实践，建设法治乡村和平安乡村，提升乡村德治水平，以党的领导统揽全局，以法治"定纷止争"，以德治"春风化雨"，以自治"消化矛盾"，确保乡村社会充满活力、和谐有序。

（五）乡村振兴，生活富裕是根本

乡村振兴，农民是主体。乡村振兴的出发点和落脚点，是为了让亿万农民生活得更美好。要坚持人人尽责、人人享有，按照抓重点、补短板、强弱项的要求，千方百计拓宽农民增收渠道，鼓励农民勤劳守法致富，增加农村低收入者收入，扩大农村中等收入群体，保持农村居民收入增速快于城镇居民，优先发展农村教育事业，促进农村劳动力转移就业，推动农村基础设施提档升级，加强农村社会保障体系建设，推进健康乡村建设，持续改善农村人居环境。总之，要围绕农民群众最关心最直接最现实的利益问题，一件事情接着一件事情办，一年接着一年干，让农民的钱袋子进一步鼓起来、日子好起来，让广大农民在共同富裕的道路上赶上来、不掉队，让亿万农民群众在共建共享发展中有更多获得感。

三、乡村振兴战略的实现路径

2017年12月29日，中央农村工作会议首次提出走中国特色社会主义乡村振兴道路，提出了实施乡村振兴战略的七条路径，即走城乡融合发展之路、走共同富裕之路、走质量兴农之路、走乡村绿色发展之路、走乡村文化兴盛之路、走乡村善治之路、走中国特色减贫之路。这"七条道路"，明确了实施乡村振兴战略的目标路径，构成了中国特色社会主义乡村振兴道路的具体内涵。

（一）走城乡融合发展之路

现代化是由现代城市和现代乡村共同构成的，没有农村的发展，城镇化就会缺乏根基。不管城镇化发展到什么程度，农村人口也有一个相当大的规模，即使城镇化率达到70%，也还有几亿人生活在农村。当前，我国发展不平衡不充分问题在乡村最为突出，城乡二元结构是亟待破除的最突出的结构性矛盾。在中华民族全面复兴的道路上，农业农村不能拖后腿。要坚持农业农村优先发展，把公共基础设施建设的重点放在农村，推动农村基础设施建设提档升级，优先发展农村教育事业，加强农村社会保障体系建设，持续改善农村人居环境，逐步建立健全全民覆盖、普惠共享、城乡一体的基本公共服务体系，让符合条件的农业转移人口在城市落户定居。要坚决破除体制机制弊端，改变长期以来农村人才、土地、资金等要素单向流向城市以致农村处于"失血""贫血"的状况，疏通资本、智力、技术、管理下乡渠道，鼓励更多资源下乡投入乡村振兴，加快形成工农互促、城乡互补、全面融合、共同繁荣的新型工农城乡关系，让现代化建设成果更多更广泛地惠及广大农民群众，实现城镇与乡村相得益彰。

（二）走共同富裕之路

共同富裕是中国特色社会主义的本质特征和根本要求，也是乡村振兴的必然要求和发展方向。乡村振兴，必须坚持农村基本经营制度不动摇，这是实现共同富裕的制度基础。要坚持农村土地集体所有，坚持家庭经营基础性地位，落实农村土地承包关系稳定并长久不变的政策。衔接落实好第二轮土地承包到期后再延长30年的政策，保持土地集体所有、家庭承包经营的基本制度长久不变，保持农户依法承包集体土地的基本权利长久不变，保持农户承包地稳定，让农民吃上长效"定心丸"。人多地少的禀赋条件决定了我们不可能走美国、澳大利亚等国的大农场发展道路。要统筹兼顾培育新型农业经营主体和扶持小农户，采取有针对性的措施，把小农生产引入现代农业发展轨道。发挥好新型农业经营主体的作用，强化服务和利益联结，把千家万户的小农户带动起来，提升小农生产集约化水平，提高产品档次和附加值，增强小农增收能力，使其成为现代农业发展的受益者。壮大集体经济是促进农民增收实现共同富裕的有效载体。要创新集体经济发展思路，拓宽集体经济发展途径，建立符合市场经济要求的集体经济运行机制，确保集体资产保值增值，确保农民受益。

（三）走质量兴农之路

当前，农业的主要矛盾已由总量不足转变为结构性矛盾，矛盾的主要方面在供给侧。要顺应农业发展主要矛盾的变化，深入推进农业供给侧结构性改革，把增加绿色优质农产品供给放在突出位置，坚持质量兴农、绿色兴农，实施质量兴农战略，夯实农业生产能力基础，提高农业创新力、竞争力和全要素生产率，加快构建现代农业产业体系、生产体系、经营体系，加快推进农业由增产导向转向提质导向，加快实现由农业大国向农业强国转变。要顺应人民群众日益增长的美好生活需要，开发农业的多种功能，挖掘乡村的多种价值，推进农村一二三产业融合发展，让农村新产业新业态成为农民增收新亮点，把农村变成城镇居民休憩的新去处与农耕文明传承的新载体。解决好13亿人口的吃饭问题，始终是我们国家治国理政的头等大事。要继续实施藏粮于地、藏粮于技战略，像保护大熊猫一样保护耕地，在高标准农田建设、农业机械化、农业科技创新、智慧农业等方面迈出新步伐，确保国家粮食安全，把中国人的饭碗牢牢端在自己手上。

（四）走乡村绿色发展之路

良好的生态环境是乡村最大的优势和宝贵财富。过去，为解决农产品总量不足的矛盾，我们拼资源、拼环境、拼消耗，化肥、农药等猛往地里投，采取大水漫灌的生产方式，过度开发边际产能，农业农村领域生态环境欠账问题比较突出。要以绿色发展引领生态振兴,处理好经济发展和生态环境保护的关系,守住生态红线,把该减的减下来、该退的退出来、该治理的治理到位。统筹山水林田湖草系统治理,加强农村突出环境问题综合治理,建立市场化、多元化生态补偿机制,增加农业生态产品和服务供给,大力发展生态产业、绿色产业、循环经济和生态旅游,加快实现从"卖产品"向"卖生态"转变,让更多老百姓吃上"生态饭",让绿水青山真正成为兴村富民的金山银山,实现百姓富、生态美的有机统一。

(五)走乡村文化兴盛之路

乡村文明是中华民族文明史的主体,耕读文明是我们的软实力。要深入挖掘、继承、创新优秀传统乡土文化,把保护传承和开发利用有机结合起来,让优秀农耕文明在新时代展现其魅力和风采。优秀乡村文化能够提振农村精气神,增强农民凝聚力,孕育社会好风尚。要坚持物质文明和精神文明一起抓,弘扬和践行社会主义核心价值观,培育文明乡风、良好家风、淳朴民风,不断提高乡村社会文明程度,让乡村焕发文明新气象。

(六)走乡村善治之路

社会治理的基础在基层,薄弱环节在乡村。当前,乡村社会空心化、家庭空巢化、人际关系商品化等问题日益凸显,农村内部各类矛盾突出,农村基层社会矛盾处于易发、多发期。乡村振兴离不开稳定和谐的社会环境,稳定也是广大农民的根本利益。要建立健全党委领导、政府负责、社会协同、公众参与、法治保障的现代乡村社会治理体制,健全自治、法治、德治相结合的乡村治理体系。在依法治理的基础上,重视综合治理、系统治理、源头治理,德、法、礼并用,以法治定纷止争,以德治春风化雨,以自治消化矛盾,以党的领导统揽全局。要加强农村基层基础工作,强化农村基层党组织领导的核心地位,深化村民自治实践,严肃查处侵犯农民利益的"微腐败",建设平安乡村,确保乡村社会充满活力、和谐有序。

（七）走中国特色减贫之路

党的十八大以来，我们以前所未有的政策力度向贫困宣战，脱贫攻坚取得了举世瞩目的伟大成就。当前，脱贫攻坚已进入"啃硬骨头"的决战决胜阶段，要坚持精准扶贫、精准脱贫，充分发挥政治优势和制度优势，尽锐出战、精准施策。把提高脱贫质量放在首位，注重扶贫同扶志、扶智相结合，瞄准贫困人口精准帮扶，聚焦深度贫困地区集中发力，激发贫困人口内生动力，强化脱贫攻坚责任和监督。开展扶贫领域腐败和作风问题专项治理，采取更加有力的举措，更加集中的支持，更加精细的工作，坚决打好精准脱贫这场对全面建成小康社会具有决定意义的攻坚战。

当前，我国"三农"工作重心发生历史性转移，脱贫攻坚战已取得历史性胜利，走出了一条中国特色减贫道路，目前要巩固拓展脱贫攻坚成果，扎实推进乡村振兴，持续促进脱贫地区发展和群众生活改善，加快推进农业农村现代化。

第二节　高质量发展畜牧业

2020年，国务院办公厅（以下简称国办）印发《关于促进畜牧业高质量发展的意见》（以下简称《意见》），围绕加快构建现代养殖体系、建立健全动物防疫体系、加快构建现代加工流通体系以及持续推动畜牧业绿色循环发展等方面做出全面部署。

一、《意见》出台的意义

近年来，我国畜牧业综合生产能力不断增强，在保障国家食物安全、繁荣农村经济、促进农牧民增收等方面发挥了重要作用。但是，当前畜牧业发展面临着资源环境约束趋紧、重大动物疫病风险和威胁加大等新情况，同时支持保障体系不健全、产业发展质量效益不高、抵御风险能力不强等老问题也都还存在，畜产品稳产保供的基础仍不牢固。2018—2019年生猪产能严重下滑，使这些问题集中暴露出来。国家及时出台了一大批含金量高、针对性强的政策措施，明确提出生猪稳产保供省负总责，层层压实责任，生猪生产得到较快恢复，猪肉价格正逐步趋稳回落。当前畜牧业发展的总体形势向好，但这一轮生猪生产波动，给了我们强烈的警示，凸显出加快畜牧业高质量发展的重要性、紧迫性。出台《意见》，就是要坚持问题导向和目标导向，加快转变畜牧业发展方式，稳定和延续行之有效的政策，创设适应行业发展新形势的政策措施，努力从根本上消除肉蛋奶生产供应的问题隐患，全面提升畜产品供应安全保障能力。

《意见》共分为6个部分24条，明确了畜牧业发展的指导思想、基本原则、发展目标，突出了提升畜牧业整体素质的关键措施，明确了省级人民政府对畜产品稳产保供的责任，是指导今后一个时期我国畜牧业发展的纲领性文件，对于保障畜牧业持续健康发展具有重大的现实意义和深远的历史意义。

二、加快构建现代养殖体系

1. 加强良种培育与推广

继续实施畜禽遗传改良计划和现代种业提升工程，健全产学研联合育种机制，重点开展白羽肉鸡育种攻关，推进瘦肉型猪本土化选育，加快牛羊专门化品种选育，逐步提高核心种源自给率。实施生猪良种补贴和牧区畜牧良种补贴，加快优良品种推广和应用。强化畜禽遗传资源保护，加强国家级和省级保种场、保护区、基因库建设，推动地方品种资源应保尽保、有序开发。

2. 健全饲草料供应体系

因地制宜推行粮改饲，增加青贮玉米种植，提高苜蓿、燕麦草等紧缺饲草自给率，开发利用杂交构树、饲料桑等新饲草资源。推进饲草料专业化生产，加强饲草料加工、流通、配送体系建设。促进秸秆等非粮饲料资源高效利用。建立健全饲料原料营养价值数据库，全面推广饲料精准配方和精细加工技术。加快生物饲料开发应用，研发推广新型安全高效饲料添加剂。调整优化饲料配方结构，促进玉米、豆粕减量替代。

3. 提升畜牧业机械化水平

制定主要畜禽品种规模化养殖设施装备配套技术规范，推进养殖工艺与设施装备的集成配套。落实农机购置补贴政策，将养殖场（户）购置自动饲喂、环境控制、疫病防控、废弃物处理等农机装备按规定纳入补贴范围。遴选推介一批全程机械化养殖场和示范基地。提高饲草料和畜禽生产加工等关键环节设施装备自主研发能力。

三、建立健全动物防疫体系

一是指导落实防疫责任。督促指导各地落实动物防疫属地管理责任，依托现有机构编制资源，建立健全动物卫生监督机构和动物疫病预防控制机构。指导畜禽养殖、贩运、屠宰加工等各环节从业者，落实动物防疫主体责任。二是夯实基层动物防疫人员队伍。组织实施乡镇动物防疫特聘计划，通过政府购买服务等方式，从科研教学单位一线兽医服务人员、企业兽医技术骨干、执业兽医、乡村兽医中招募一批特聘动物防疫专员。三是加强动物防疫基础设施建设。通过动植物保护能力提升工程等投资渠道，加强动物疫病防控实验室、动物防疫专用设施、边境监测站、公路检查站等基础设施建设，提升基层动物防疫硬件水平。

四、加快构建现代加工流通体系

屠宰加工和流通环节一头连着养殖端，一头连着消费端，是整个畜牧业承上启下的关键环节。农业农村部将按照《意见》要求，从三方面推进有关工作。一是加强屠宰行业清理整顿，规范行业秩序。继续开展生猪屠宰标准化示范创建，加快屠宰行业转型升级步伐，提升行业整体水平。加快《生猪屠宰管理条例》配套规章制定，出台生猪屠宰企业产品质量风险分级管理办法，积极指导地方出台法规规范牛羊禽屠宰管理。二是加快屠宰产能布局优化,健全冷链配送体系。引导优势屠宰产能向东北、华北、黄淮海和中南部分省份养殖集中区域转移,推动畜禽就地就近屠宰,补齐"冷链配送体系"的短板,减少活畜禽长距离调运,促进"运畜"向"运肉"转变。三是积极争取有关支持政策,完善保障措施。通过中央财政转移支付等现有渠道,加强对生猪屠宰标准化示范创建和畜禽产品冷链运输配送体系建设的支持。会同有关部门落实相关环节用水、用电优惠政策。

五、发展适度规模经营,扶持中小养殖户发展

发展适度规模经营是现代畜牧业的发展方向,是高质量发展的必由之路。我国畜牧业是在一家一户分散养殖的基础上逐步发展壮大起来的,目前全国畜禽养殖规模化率达到64.5%,规模化养殖已经成为肉蛋奶市场供应的主体。但也要看到,我国畜禽规模养殖与发达国家相比,还有相当差距,设施装备条件差,生产效率不高,与规模化相对应的标准化生产体系还没有全面建立起来。

下一步,将重点抓好以下工作:一是加强典型示范引领。组织开展畜禽养殖标准化示范场创建,以畜禽良种化、养殖设施化、生产规范化、防疫制度化、粪污无害化为重点,以点带面辐射带动全国畜禽适度规模养殖发展。二是提升规模养殖场机械化水平。加大农机购置补贴政策对畜牧机械设施装备的支持力度,加快推进规模养殖场生产全程机械化,着力解决疫病防控、畜产品采集加工、粪污收集处理与资源化利用等薄弱环节机械设施装备应用难题。三是强化技术指导服务。发挥畜牧兽医技术推广机构、国家产业技术体系和行业协会的技术优势,建立健全不同畜种的标准化生产体系,总结推广适度规模养殖的典型模式。四是鼓励引导龙头企业"以大带小"。坚持抓大不放小,支持龙头企业业通过"公司+农户"、托管、入股加盟等多种形式,完善利益联结机制,带动中小养殖场户提高饲养管理水平和生物安全防护

水平，实现增产增收。

第三节　高质量建设现代农业产业园

2021年1月，农业农村部和财政部印发通知，认定江苏省邳州市等38个现代农业产业园为第三批国家现代农业产业园。2017年以来，农业农村部和财政部批准创建了200多个全产业链发展、现代要素集聚的国家现代农业产业园，其中已认定130个，带动各地创建了5 000多个省、市、县产业园，基本形成了以园区化推动现代农业发展的建设格局。

一、现代农业产业园发展情况

2017年以来，农业农村部、财政部认真贯彻落实党中央、国务院决策部署，聚焦姓农、务农、为农、兴农宗旨，加大政策支持力度，创新建设管理机制，推动产业园建设取得明显成效。一是壮大了主导产业，促进了产业振兴。各地选准县域优势特色主导产业，按照"生产＋加工＋科技"一体化发展要求，加快建设大基地、发展大加工、创新大科技、开展大服务、培育大品牌，提高了产业链现代化水平，形成了一批集中度高、规模大、效益好的优势产业。许多产业园已经成为区域或全国产业发展的风向标和行业排头兵。二是创新了紧密型联农带农机制，增加了农民收入。构建"农户＋合作社＋加工营销"的利益联合体，显著带动了农民就业增收。2019年，151个国家产业园近70%的农户与各类新型经营主体建立了利益联结机制，农民人均可支配收入达到2.1万元，比全国平均水平高31%。三是培育了增长动能，壮大了县域经济。各地大力推动人才、土地、资本、科技、信息等现代要素向产业园聚集，引导先进生产力"出城进园入农"，形成了一批上下游紧密协作的产业集群，成为县域经济发展的新动能、新引擎。四是促进了产村融合，带动了乡村建设。许多地方以产业兴、农村美、生态优为导向，将产业园建设与休闲观光、民俗风情有机结合，培育了一批生产、生态、生活相融相促的乡土小村、特色小镇，形成了产业围绕新村转、新村围绕产业建的乡村建设布局，促进了乡村功能提升和农村人居环境改善。

二、现代农业产业园的奖补资金

贯彻中央部署要求，中央财政持续加大现代农业产业园建设支持力度，创新财政资金供给和使用机制，累计安排中央财政奖补资金131.1亿元，重点支持产业园改善公共基础设施条件、提升公共服务能力，撬动金融和社会资本投入产业园建设，提高财政资金使用效益。基层干部反映，产业园已成为涉农项目建设成效好、资金使用效率高、带动社会资本投入大的标杆。一是实行以奖代补，赋予地方资金使用自主权。中央财政通过以奖代补方式对批准创建的产业园给予适当支持，引导各地结合实际，围绕促进主导产业升级、延伸产业链、提升产业服务能力、联农带农增收等，统筹使用奖补资金，赋予地方较大的自主权。二是实行先建后补，推动地方加强产业园创建。中央财政按照批准创建、中期评估、评价认定等环节，对每个国家现代农业产业园分批下达奖补资金。这种奖补方式，有利于推动地方加强组织领导、落实县级主体责任、调动建设积极性、提高产业园创建成效。三是实行部省奖补挂钩，对支持力度大的省份给予倾斜支持。为引导各省增加产业园建设投入，农业农村部和财政部创新管理机制，按照年度支持产业园建设的省级财政自有资金规模，分档确定纳入国家产业园创建管理体系的省级产业园申报指标。对批准创建且达到条件的，认定为国家现代农业产业园。

三、创建以种业为主导产业的现代农业产业园的意义

建设以种业为主导产业的现代农业产业园是用园区化理念促进现代种业发展的重要探索。2019年和2020年，农业农村部、财政部批准创建了10个以种业为主导产业的现代农业产业

园。其中，以作物种业为主导产业的，主要包括湖南省长沙市芙蓉区、四川省邛崃市、甘肃省酒泉市肃州区、海南省三亚市崖州区、河北省张家口市宣化区、福建省建宁县、新疆维吾尔自治区昌吉市7个产业园。以畜禽种业为主导产业的，主要包括广东省新兴县、北京市平谷区、西藏自治区那曲市色尼区3个产业园。目前，农业农村部和财政部已将湖南省长沙市芙蓉区、甘肃省酒泉市肃州区、四川省邛崃市3个产业园，认定为国家现代农业产业园。

各地充分发挥种业产业园产业集聚、主体集中、要素集约的平台载体作用，聚焦科技研发、种业孵化、公共服务等，建强现代种业科技创新体系。湖南省长沙市芙蓉区产业园杂交水稻常年制种面积占全国的30%以上，杂交水稻供种量占全国的35%。甘肃省酒泉市肃州区产业园制定专门政策扶持制种企业扩大生产规模、提升经营水平，年销售收入过千万的制种企业47家，制种品种达到5 000多个。

下一步，农业农村部、财政部将贯彻落实中央经济工作会议和中央农村工作会议精神，按照开展种源核心技术攻关、立志打一场种业翻身仗的部署要求，再批准创建和认定一批以种业为主导产业的现代农业产业园，支持培育具有自主知识产权、生产性能国际领先的品种，提升种业龙头企业国际竞争力。

四、推进农业产业园建设的创新做法

近年来，各地普遍将建设现代农业产业园作为乡村振兴牵引性全局性工作，强化政策支持，创新管理机制。广东省出台支持产业园建设21条政策措施，安排财政资金75亿元建设14个国家级、161个省级、55个市级产业园，基本实现主要农业县全覆盖。四川省建设11个国家级、132个省级、761个市县级产业园，每年按三星、四星、五星分级确定省级产业园名单，安排省财政资金5亿元，分别按五星级2 000万元、四星级1 500万元、三星级1 000万元的标准进行奖补。在总结借鉴地方实践的基础上，农业农村部、财政部积极探索，逐步规范，建立了一套完善的产业园管理体系。一是创新"先创后认"建设机制。对经过2～3年建设符合条件的，认定为"国家现代农业产业园"，对两次考核不达标的取消创建资格。基层反映，这种管理机制有利于从严把关，高质量高水平推进产业园建设。各地普遍参考借鉴该管理方式，出台管理制度，积极推进省、市、县产业园建设。二是创新推广"园长制"责任机制。支持产业园所在地县级党委或政府负责同志担任"园长"，负责组织推动产业园建设。有的县市主要领导反映，产业园工作是重点任务、振兴大事，每月都要听产业园汇报、每月都要到产业园走一走，有问题马上解决。三是创新产业园管理机制。产业园一般横跨多个乡镇，关联多个部门，涉及生产、加工、流通、休闲观光等多个环节，涉及土地、金融、科技、人才等多种要素，仅依靠农业农村部门一家推进力量有限。借鉴经济技术开发区建设经验，鼓励在覆盖范围广、跨多个乡镇的国家和省级产业园推广管委会管理机制，由正式编制人员或专职人员承担园区建设管理工作。

第四节　关于全面推进乡村振兴加快农业农村现代化的意见

2021年1月4日，中共中央、国务院印发了《关于全面推进乡村振兴加快农业农村现代化的意见》，即发布2021年中央一号文件。这是21世纪以来第18个指导"三农"工作的中央一号文件。该文件从总体要求、实现巩固拓展脱贫攻坚成果同乡村振兴有效衔接、加快推进农业现代化、大力实施乡村建设行动、加强党对"三农"工作的全面领导5个方面对"三农"工作进行了指导。

一、总体要求

（一）指导思想

以习近平新时代中国特色社会主义思想为指导，全面贯彻党的十九大和十九届二中、三中、四中、五中全会精神，贯彻落实中央经济工作会议精神，统筹推进"五位一体"总体布局，协调推进"四个全面"战略布局，坚定不移贯彻新发展理念，坚持稳中求进工作总基调，坚持加强党对"三农"工作的全面领导，坚持农业农村优先发展，坚持农业现代化与农村现代化一体设计、一并推进，坚持创新驱动发展，以推动高质量发展为主题，统筹发展和安全，落实加快构建新发展格局要求，巩固和完善农村基本经营制度，深入推进农业供给侧结构性改革，把乡村建设摆在社会主义现代化建设的重要位置，全面推进乡村产业、人才、文化、生态、组织振兴，充分发挥农业产品供给、生态屏障、文化传承等功能，走中国特色社会主义乡村振兴道路，加快农业农村现代化，加快形成工农互促、城乡互补、协调发展、共同繁荣的新型工农城乡关系，促进农业高质高效、乡村宜居宜业、农民富裕富足，为全面建设社会主义现代化国家开好局、起好步提供有力支撑。

（二）目标任务

2021年，农业供给侧结构性改革深入推进，粮食播种面积保持稳定、产量达到1.3万亿斤*以上，生猪产业平稳发展，农产品质量和食品安全水平进一步提高，农民收入增长继续快于城镇居民，脱贫攻坚成果持续巩固。农业农村现代化规划启动实施，脱贫攻坚政策体系和工作机制同乡村振兴有效衔接、平稳过渡，乡村建设行动全面启动，农村人居环境整治提升，农村改革重点任

---

* 1斤=500克。

第一章 全面推进乡村振兴,加快农业农村现代化

务深入推进,农村社会保持和谐稳定。

到2025年,农业农村现代化取得重要进展,农业基础设施现代化迈上新台阶,农村生活设施便利化初步实现,城乡基本公共服务均等化水平明显提高。农业基础更加稳固,粮食和重要农产品供应保障更加有力,农业生产结构和区域布局明显优化,农业质量效益和竞争力明显提升,现代乡村产业体系基本形成,有条件的地区率先基本实现农业现代化。脱贫攻坚成果巩固拓展,城乡居民收入差距持续缩小。农村生产生活方式绿色转型取得积极进展,化肥农药使用量持续减少,农村生态环境得到明显改善。乡村建设行动取得明显成效,乡村面貌发生显著变化,乡村发展活力充分激发,乡村文明程度得到新提升,农村发展安全保障更加有力,农民获得感、幸福感、安全感明显提高。

二、实现巩固拓展脱贫攻坚成果同乡村振兴有效衔接

(一)设立衔接过渡期

脱贫攻坚目标任务完成后,对摆脱贫困的县,从脱贫之日起设立5年过渡期,做到扶上马送一程。过渡期内保持现有主要帮扶政策总体稳定,并逐项分类优化调整,合理把握节奏、力度和时限,逐步实现由集中资源支持脱贫攻坚向全面推进乡村振兴平稳过渡,推动"三农"工作重心历史性转移。抓紧出台各项政策完善优化的具体实施办法,确保工作不留空档、政策不留空白。

(二)持续巩固拓展脱贫攻坚成果

健全防止返贫动态监测和帮扶机制,对易返贫致贫人口及时发现、及时帮扶,守住防止规模性返贫底线。以大中型集中安置区为重点,扎实做好易地搬迁后续帮扶工作,持续加大就业和产业扶持力度,继续完善安置区配套基础设施、产业园区配套设施、公共服务设施,切实提升社区治理能力。加强扶贫项目资产管理和监督。

（三）接续推进脱贫地区乡村振兴

实施脱贫地区特色种养业提升行动，广泛开展农产品产销对接活动，深化拓展消费帮扶。持续做好有组织劳务输出工作。统筹用好公益岗位，对符合条件的就业困难人员进行就业援助。在农业农村基础设施建设领域推广以工代赈方式，吸纳更多脱贫人口和低收入人口就地就近就业。在脱贫地区重点建设一批区域性和跨区域重大基础设施工程。加大对脱贫县乡村振兴支持力度。在西部地区脱贫县中确定一批国家乡村振兴重点帮扶县集中支持。支持各地自主选择部分脱贫县作为乡村振兴重点帮扶县。坚持和完善东西部协作和对口支援、社会力量参与帮扶等机制。

（四）加强农村低收入人口常态化帮扶

开展农村低收入人口动态监测，实行分层分类帮扶。对有劳动能力的农村低收入人口，坚持开发式帮扶，帮助其提高内生发展能力，发展产业、参与就业，依靠双手勤劳致富。对脱贫人口中丧失劳动能力且无法通过产业就业获得稳定收入的人口，以现有社会保障体系为基础，按规定纳入农村低保或特困人员救助供养范围，并按困难类型及时给予专项救助、临时救助。

三、加快推进农业现代化

（一）提升粮食和重要农产品供给保障能力

地方各级党委和政府要切实扛起粮食安全政治责任，实行粮食安全党政同责。深入实施重要农产品保障战略，完善粮食安全省长责任制和"菜篮子"市长负责制，确保粮、棉、油、糖、肉等供给安全。"十四五"时期各省（自治区、直辖市）要稳定粮食播种面积、提高单产水平。加强粮食生产功能区和重要农产品生产保护区建设。建设国家粮食安全产业带。稳定种粮农民补贴,让种粮有合理收益。坚持并完善稻谷、小麦最低收购价政策,完善玉米、大豆生产者补贴政策。深入推进农业结构调整,推动品种培优、品质提升、品牌打造和标准化生产。鼓励发展青贮玉米等优质饲草饲料,稳定大豆生产,多措并举发展油菜、花生等油料作物。健全产粮大县支持政策体系。扩大稻谷、小麦、玉米三大粮食作物完全成本保险和收入保险试点范围,支持有条件的省份降低产粮大县三大粮食作物农业保险保费县级补贴比例。深入推进优质粮食工程。加快构建现代养殖体系,保护生猪基础产能,健全生猪产业平稳有序发展长效机制,积极发展牛羊产业,继续实施奶业振兴行动,推进水产绿色健康养殖。推进渔港建设和管理改革。促进木本粮油和林下经济发展。优化农产品贸易布局,实施农产品进口多元化战略,支持企业融入全球农产品供应链。保持打击重点农产品走私高压态势。加强口岸检疫和外来入侵物种防控。开展粮食节约行动,减少生产、流通、加工、存储、消费环节粮食损耗浪费。

(二)打好种业翻身仗

农业现代化,种子是基础。

加强农业种质资源保护开发利用,加快第三次农作物种质资源、畜禽种质资源调查收集,加强国家作物、畜禽和海洋渔业生物种质资源库建设。对育种基础性研究以及重点育种项目给予长期稳定支持。加快实施农业生物育种重大科技项目。深入实施农作物和畜禽良种联合攻关。实施新一轮畜禽遗传改良计划和现代种业提升工程。尊重科学、严格监管,有序推进生物育种产业化应用。加强育种领域知识产权保护。支持种业龙头企业建立健全商业化育种体系,加快建设南繁硅谷,加强制种基地和良种繁育体系建设,研究重大品种研发与推广后补助政策,促进育繁推一体化发展。

（三）坚决守住 18 亿亩*耕地红线

统筹布局生态、农业、城镇等功能空间，科学划定各类空间管控边界，严格实行土地用途管制。采取"长牙齿"的措施，落实最严格的耕地保护制度。严禁违规占用耕地和违背自然规律绿化造林、挖湖造景，严格控制非农建设占用耕地，深入推进农村乱占耕地建房专项整治行动，坚决遏制耕地"非农化"、防止"非粮化"。明确耕地利用优先序，永久基本农田重点用于粮食特别是口粮生产，一般耕地主要用于粮食和棉、油、糖、蔬菜等农产品及饲草饲料生产。明确耕地和永久基本农田不同的管制目标和管制强度，严格控制耕地转为林地、园地等其他类型农用地，强化土地流转用途监管，确保耕地数量不减少、质量有提高。实施新一轮高标准农田建设规划，提高建设标准和质量，健全管护机制，多渠道筹集建设资金，中央和地方共同加大粮食主产区高标准农田建设投入，2021年建设1亿亩旱涝保收、高产稳产高标准农田。在高标准农田建设中增加的耕地作为占补平衡补充耕地指标在省域内调剂，所得收益用于高标准农田建设。加强和改进建设占用耕地占补平衡管理，严格新增耕地核实认定和监管。健全耕地数量和质量监测监管机制，加强耕地保护督察和执法监督，开展"十三五"时期省级政府耕地保护责任目标考核。

（四）强化现代农业科技和物质装备支撑

实施大中型灌区续建配套和现代化改造。到2025年全部完成现有病险水库除险加固。坚持农业科技自立自强，完善农业科技领域基础研究稳定支持机制，深化体制改革，布局建设一批创新基地平台。深入开展乡村振兴科技支撑行动。支持高校为乡村振兴提供智力服务。加强农业科技社会化服务体系建设，深入推行科技特派员制度。打造国家热带农业科学中心。提高农机装备

---

* 1 亩 ≈667 平方米。

自主研制能力，支持高端智能、丘陵山区农机装备研发制造，加大购置补贴力度，开展农机作业补贴。强化动物防疫和农作物病虫害防治体系建设，提升防控能力。

（五）构建现代乡村产业体系

依托乡村特色优势资源，打造农业全产业链，把产业链主体留在县域，让农民更多分享产业增值收益。加快健全现代农业全产业链标准体系，推动新型农业经营主体按标生产，培育农业龙头企业标准"领跑者"。立足县域布局特色农产品产地初加工和精深加工，建设现代农业产业园、农业产业强镇、优势特色产业集群。推进公益性农产品市场和农产品流通骨干网络建设。开发休闲农业和乡村旅游精品线路，完善配套设施。推进农村一二三产业融合发展示范园和科技示范园区建设。把农业现代化示范区作为推进农业现代化的重要抓手，围绕提高农业产业体系、生产体系、经营体系现代化水平，建立指标体系，加强资源整合、政策集成，以县（市、区）为单位开展创建，到2025年创建500个左右示范区，形成梯次推进农业现代化的格局。创建现代林业产业示范区。组织开展"万企兴万村"行动。稳步推进反映全产业链价值的农业及相关产业统计核算。

（六）推进农业绿色发展

实施国家黑土地保护工程，推广保护性耕作模式。健全耕地休耕轮作制度。持续推进化肥农药减量增效，推广农作物病虫害绿色防控产品和技术。加强畜禽粪污资源化利用。全面实施秸秆综合利用和农膜、农药包装物回收行动，加强可降解农膜研发推广。在长江经济带、黄河流域建设一批农业面源污染综合治理示范县。支持国家农业绿色发展先行区建设。加强农产品质量和食品安全监管，发展绿色农产品、有机农产品和地理标志农产品，试行食用农产品达标合格证制度，推进国家农产品质量安全县创建。加强水生生物资源养护，推进以长江为重点的渔政执法能力建设,确保十年禁渔令有效落实,做好退捕渔民安置保障工作。发展节水农业和旱作农业。推进荒漠化、石漠化、坡耕地水土流失综合治理和土壤污染防治、重点区域地下水保护与超采治理。实施水系连通及农村水系综合整治,强化河湖长制。巩固退耕还林还草成果,完善政策、有序推进。实行林长制。科学开展大规模国土绿化行动。完善草原生态保护补助奖励政策,全面推进草原禁牧轮牧休牧,加强草原鼠害防治,稳步恢复草原生态环境。

(七)推进现代农业经营体系建设

突出抓好家庭农场和农民合作社两类经营主体,鼓励发展多种形式适度规模经营。实施家庭农场培育计划,把农业规模经营户培育成有活力的家庭农场。推进农民合作社质量提升,加大对运行规范的农民合作社扶持力度。发展壮大农业专业化社会化服务组织,将先进适用的品种、投入品、技术、装备导入小农户。支持市场主体建设区域性农业全产业链综合服务中心。支持农业产业化龙头企业创新发展、做大做强。深化供销合作社综合改革,开展生产、供销、信用"三位一体"综合合作试点,健全服务农民生产生活综合平台。培育高素质农民,组织参加技能评价、学历教育,设立专门面向农民的技能大赛。吸引城市各方面人才到农村创业创新,参与乡村振兴和现代农业建设。

四、大力实施乡村建设行动

(一)加快推进村庄规划工作

2021年基本完成县级国土空间规划编制,明确村庄布局分类。积极有序推进"多规合一"实用性村庄规划编制,对有条件、有需求的村庄尽快实现村庄规划全覆盖。对暂时没有编制规划的村庄,严格按照县乡两级国土空间规划中确定的用途管制和建设管理要求进行建设。编制村庄规划要立足现有基础,保留乡村特色风貌,不搞大拆大建。按照规划有序开展各项建设,严肃查处违规乱建行为。健全农房建设质量安全法律法规和监管体制，3年内完成安全隐患排查整治。完善建设标准和规范，提高农房设计水平和建设质量。继续实施农村危房改造和地震高烈度设防地区农房抗震改造。加强村庄风貌引导，保护传统村落、传统民居和历史文化名村名镇。加大农村地区文化遗产遗迹保护力度。乡村建设是为农民而建，要因地制宜、稳扎稳打，不刮风搞运动。严格规范村庄撤并，不得违背农民意愿、强迫农民上楼，把好事办好、把实事办实。

（二）加强乡村公共基础设施建设

继续把公共基础设施建设的重点放在农村，着力推进往村覆盖、往户延伸。实施农村道路畅通工程。有序实施较大人口规模自然村（组）通硬化路。加强农村资源路、产业路、旅游路和村内主干道建设。推进农村公路建设项目更多向进村入户倾斜。继续通过中央车购税补助地方资金、成品油税费改革转移支付、地方政府债券等渠道，按规定支持农村道路发展。继续开展"四好农村路"示范创建。全面实施路长制。开展城乡交通一体化示范创建工作。加强农村道路桥梁安全隐患排查，落实管养主体责任。强化农村道路交通安全监管。实施农村供水保障工程。加强中小型水库等稳定水源工程建设和水源保护，实施规模化供水工程建设和小型工程标准化改造，有条件的地区推进城乡供水一体化，到2025年农村自来水普及率达到88%。完善农村水价水费形成机制和工程长效运营机制。实施乡村清洁能源建设工程。加大农村电网建设力度，全面巩固提升农村电力保障水平。推进燃气下乡，支持建设安全可靠的乡村储气罐站和微管网供气系统。发展农村生物质能源。加强煤炭清洁化利用。实施数字乡村建设发展工程。推动农村千兆光网、第五代移动通信（5G）、移动物联网与城市同步规划建设。完善电信普遍服务补偿机制，支持农村及偏远地区信息通信基础设施建设。加快建设农业农村遥感卫星等天基设施。发展智慧农业，建立农业农村大数据体系，推动新一代信息技术与农业生产经营深度融合。完善农业气象综合监测网络，提升农业气象灾害防范能力。加强乡村公共服务、社会治理等数字化智能化建设。实施村级综合服务设施提升工程。加强村级客运站点、文化体育、公共照明等服务设施建设。

（三）实施农村人居环境整治提升五年行动

分类有序推进农村厕所革命，加快研发干旱、寒冷地区卫生厕所适用技术和产品，加强中西部地区农村户用厕所改造。统筹农村改厕和污水、黑臭水体治理，因地制宜建设污水处理设施。健全农村生活垃圾收运处置体系，推进源头分类减量、资源化处理利用，建设一批有机废弃物综合处置利用设施。健全农村人居环境设施管护机制。有条件的地区推广城乡环卫一体化第三方治理。深入推进村庄清洁和绿化行动。开展美丽宜居村庄和美丽庭院示范创建活动。

（四）提升农村基本公共服务水平

建立城乡公共资源均衡配置机制，强化农村基本公共服务供给县乡村统筹，逐步实现标准统一、制度并轨。提高农村教育质量，多渠道增加农村普惠性学前教育资源供给，继续改善乡镇寄宿制学校办学条件，保留并办好必要的乡村小规模学校，在县城和中心镇新建改扩建一批高中和中等职业学校。完善农村特殊教育保障机制。推进县域内义务教育学校校长教师交流轮岗，支持建设城乡学校共同体。面向农民就业创业需求，发展职业技术教育与技能培训，建设一批产教融合基地。开展耕读教育。加快发展面向乡村的网络教育。加大涉农高校、涉农职业院校、涉农学科专业建设力度。全面推进健康乡村建设，提升村卫生室标准化建设和健康管理水平，推动乡村医生向执业（助理）医师转变，采取派驻、巡诊等方式提高基层卫生服务水平。提升乡镇卫生院医疗服务能力，选建一批中心卫生院。加强县级医院建设，持续提升县级疾控机构应对重大疫情及突发公共卫生事件能力。加强县域紧密型医共体建设，实行医保总额预算管理。加强妇幼、老年人、残疾人等重点人群健康服务。健全统筹城乡的就业政策和服务体系，推动公共就业服务机构向乡村延伸。深入实施新生代农民工职业技能提升计划。完善统一的城乡居民基本医疗保险制度，合理提高政府补助标准和个人缴费标准，健全重大疾病医疗保险和救助制度。落实城乡居民基本养老保险待遇确定和正常调整机制。推进城乡低保制度统筹发展，逐步提高特困人员供养服务质量。加强对农村留守儿童和妇女、老年人以及困境儿童的关爱服务。健全县乡村衔接的三级养老服务网络，推动村级幸福院、日间照料中心等养老服务设施建设，发展农村普惠型养老服务和互助性养老。推进农村公益性殡葬设施建设。推进城乡公共文化服务体系一体建设，创新实施文化惠民工程。

（五）全面促进农村消费

加快完善县乡村三级农村物流体系，改造提升农村寄递物流基础设施，深入推进电子商务进农村和农产品出村进城，推动城乡生产与消费有效对接。促进农村居民耐用消费品更新换代。加快实施农产品仓储保鲜冷链物流设施建设工程，推进田头小型仓储保鲜冷链设施、产地低温直销配送中心、国家骨干冷链物流基地建设。完善农村生活性服务业支持政策，发展线上线下相结合的服务网点，推动便利化、精细化、品质化发展，满足农村居民消费升级需要，吸引城市居民下乡消费。

（六）加快县域内城乡融合发展

推进以人为核心的新型城镇化，促进大中小城市和小城镇协调发展。把县域作为城乡融合发展的重要切入点，强化统筹谋划和顶层设计，破除城乡分割的体制弊端，加快打通城乡要素平等交换、双向流动的制度性通道。统筹县域产业、基础设施、公共服务、基本农田、生态保护、城镇开发、村落分布等空间布局，强化县城综合服务能力，把乡镇建设成为服务农民的区域中心，实现县乡村功能衔接互补。壮大县域经济，承接适宜产业转移，培育支柱产业。加快小城镇发展，完善基础设施和公共服务，发挥小城镇连接城市、服务乡村作用。推进以县城为重要载体的城镇化建设，有条件的地区按照小城市标准建设县城。积极推进扩权强镇，规划建设一批重点镇。开展乡村全域土地综合整治试点。推动在县域就业的农民工就地市民化，增加适应进城农民刚性需求的住房供给。鼓励地方建设返乡入乡创业园和孵化实训基地。

（七）强化农业农村优先发展投入保障

继续把农业农村作为一般公共预算优先保障领域。中央预算内投资进一步向农业农村倾斜。制定落实提高土地出让收益用于农业农村比例考核办法，确保按规定提高用于农业农村的比例。各地区各部门要进一步完善涉农资金统筹整合长效机制。支持地方政府发行一般债券和专项债券用于现代农业设施建设和乡村建设行动，制定出台操作指引，做好高质量项目储备工作。发挥财政投入引领作用，支持以市场化方式设立乡村振兴基金，撬动金融资本、社会力量参与，重点支持乡村产业发展。坚持为农服务宗旨，持续深化农村金融改革。运用支农支小再贷款、再贴现等政策工具，实施最优惠的存款准备金率，加大对机构法人在县域、业务在县域的金融机构的支持力度，推动农村金融机构回归本源。鼓励银行业金融机构建立服务乡村振兴的内设机构。明确地方政府监管和风险处置责任，稳妥规范开展农民合作社内部信用合作试点。保持农村信用合作社等县域农村金融机构法人地位和数量总体稳定，做好监督管理、风险化解、深化改革工作。完善涉农金融机构治理结构和内控机制，强化金融监管部门的监管责任。支持市县构建域内共享的涉农信用信息数据库，用3年时间基本建成比较完善的新型农业经营主体信用体系。发展农村数字普惠金融。大力开展农户小额信用贷款、保单质押贷款、农机具和大棚设施抵押贷款业务。鼓励开发专属金融产品支持新型农业经营主体和农村新产业新业态,增加首贷、信用贷。加大对农业农村基础设施投融资的中长期信贷支持。加强对农业信贷担保放大倍数的量化考核,提高农业信贷担保规模。将地方优势特色农产品保险以奖代补做法逐步扩大到全国。健全农业再保险制度。发挥"保险+期货"在服务乡村产业发展中的作用。

(八)深入推进农村改革

完善农村产权制度和要素市场化配置机制,充分激发农村发展内生动力。坚持农村土地农民集体所有制不动摇,坚持家庭承包经营基础性地位不动摇,有序开展第二轮土地承包到期后再延长30年试点,保持农村土地承包关系稳定并长久不变,健全土地经营权流转服务体系。积极探索实施农村集体经营性建设用地入市制度。完善盘活农村存量建设用地政策,实行负面清单管理,优先保障乡村产业发展、乡村建设用地。根据乡村休闲观光等产业分散布局的实际需要,探索灵活多样的供地新方式。加强宅基地管理,稳慎推进农村宅基地制度改革试点,探索宅基地所有权、资格权、使用权分置有效实现形式。规范开展房地一体宅基地日常登记颁证工作。规范开展城乡建设用地增减挂钩,完善审批实施程序、节余指标调剂及收益分配机制。2021年基本完成农村集体产权制度改革阶段性任务,发展壮大新型农村集体经济。保障进城落户农民土地承包权、宅基地使用权、集体收益分配权,研究制定依法自愿有偿转让的具体办法。加强农村产权流转交易和管理信息网络平台建设,提供综合性交易服务。加快农业综合行政执法信息化建设。深入推进农业水价综合改革。继续深化农村集体林权制度改革。

五、加强党对"三农"工作的全面领导

(一)强化五级书记抓乡村振兴的工作机制

全面推进乡村振兴的深度、广度、难度都不亚于脱贫攻坚,

必须采取更有力的举措，汇聚更强大的力量。要深入贯彻落实《中国共产党农村工作条例》，健全中央统筹、省负总责、市县乡抓落实的农村工作领导体制，将脱贫攻坚工作中形成的组织推动、要素保障、政策支持、协作帮扶、考核督导等工作机制，根据实际需要运用到推进乡村振兴，建立健全上下贯通、精准施策、一抓到底的乡村振兴工作体系。省、市、县级党委要定期研究乡村振兴工作。县委书记应当把主要精力放在"三农"工作上。建立乡村振兴联系点制度，省、市、县级党委和政府负责同志都要确定联系点。开展县乡村三级党组织书记乡村振兴轮训。加强党对乡村人才工作的领导，将乡村人才振兴纳入党委人才工作总体部署，健全适合乡村特点的人才培养机制，强化人才服务乡村激励约束。加快建设政治过硬、本领过硬、作风过硬的乡村振兴干部队伍，选派优秀干部到乡村振兴一线岗位，把乡村振兴作为培养锻炼干部的广阔舞台，对在艰苦地区、关键岗位工作表现突出的干部优先重用。

（二）加强党委农村工作领导小组和工作机构建设

充分发挥各级党委农村工作领导小组牵头抓总、统筹协调作用，成员单位出台重要涉农政策要征求党委农村工作领导小组意见并进行备案。各地要围绕"五大振兴"目标任务，设立由党委和政府负责同志领导的专项小组或工作专班，建立落实台账，压实工作责任。强化党委农村工作领导小组办公室决策参谋、统筹协调、政策指导、推动落实、督促检查等职能，每年分解"三农"工作重点任务，落实到各责任部门，定期调度工作进展。加强党委农村工作领导小组办公室机构设置和人员配置。

（三）加强党的农村基层组织建设和乡村治理

充分发挥农村基层党组织领导作用，持续抓党建促乡村振兴。有序开展乡镇、村集中换届，选优配强乡镇领导班子、村"两委"成员特别是村党组织书记。在有条件的地方积极推行村党组织书记通过法定程序担任村民委员会主任，因地制宜、不搞"一刀切"。与换届同步选优配强村务监督委员会成员，基层纪检监察组织加强与村务监督委员会的沟通协作、有效衔接。坚决惩治侵害农民利益的腐败行为。坚持和完善向重点乡村选派驻村第一书记和工作队制度。加大在优秀农村青年中发展党员力度，加强对农村基层干部激励关怀，提高工资补助待遇，改善工作生活条件，切实帮助解决实际困难。推进村委会规范化建设和村务公开"阳光工程"。开展乡村治理试点示范创建工作。创建民主法治示范村，培育农村学法用法示范户。加强乡村人民调解组织队伍建设，推动就地化解矛盾纠纷。深入推进平安乡村建设。建立健全农村地区扫黑除恶常态化机制。加强县乡村应急管理和消防安全体系建设，做好对自然灾害、公共卫生、安全隐患等重大事件的风险评估、监测预警、应急处置。

（四）加强新时代农村精神文明建设

弘扬和践行社会主义核心价值观，以农民群众喜闻乐见的方式，深入开展习近平新时代中国特色社会主义思想学习教育。拓展新时代文明实践中心建设，深化群众性精神文明创建活动。建强用好县级融媒体中心。在乡村深入开展"听党话、感党恩、跟党走"宣讲活动。深入挖掘、继承创新优秀传统乡土文化，把保护传承和开发利用结合起来，赋予中华农耕文明新的时代内涵。持续推进农村移风易俗，推广积分制、道德评议会、红白理事会等做法，加大高价彩礼、人情攀比、厚葬薄养、铺张浪费、封建迷信等不良风气治理，推动形成文明乡风、良好家风、淳朴民风。加大对农村非法宗教活动和境外渗透活动的打击力度，依法制止利用宗教干预农村公共事务。办好中国农民丰收节。

（五）健全乡村振兴考核落实机制

各省（自治区、直辖市）党委和政府每年向党中央、国务院报告实施乡村振兴战略进展情况。对市县党政领导班子和领导干部开展乡村振兴实绩考核,纳入党政领导班子和领导干部综合考核评价内容,加强考核结果应用,注重提拔使用乡村振兴实绩突出的市县党政领导干部。对考核排名落后、履职不力的市县党委和政府主要负责同志进行约谈,建立常态化约谈机制。将巩固拓展脱贫攻坚成果纳入乡村振兴考核。强化乡村振兴督查,创新完善督查方式,及时发现和解决存在的问题,推动政策举措落实落地。持续纠治形式主义、官僚主义,将减轻村级组织不合理负担纳入中央基层减负督查重点内容。坚持实事求是、依法行政,把握好农村各项工作的时度效。加强乡村振兴宣传工作,在全社会营造共同推进乡村振兴的浓厚氛围。

第二章　深化农村土地制度改革，促进农村土地资源优化配置

第一节　农村土地承包

2017年11月第十二届全国人民代表大会常务委员会（以下简称全国人大常委会）第30次会议第一次审议了《中华人民共和国农村土地承包法修正案（草案）》[以下简称《修正案（草案）》]，2018年10月第十三届全国人大常委会第六次会议第二次审议了《修正案（草案）》，2018年12月29日第十三届全国人大常委会第七次会议第三次审议后通过了修正案。修正案重点围绕农村集体土地所有权、土地承包权、土地经营权"三权"分置，农村土地承包关系保持稳定并长久不变、土地二轮承包到期后继续延长，完善土地承包经营权权能，维护进城务工落户农民土地承包权益，保护妇女土地权益等重大问题作了修改。

一、农村集体土地所有权、土地承包权、土地经营权"三权"分置

"三权"分置改革是继家庭承包责任制之后农村改革的重大制度创新，从理论和实践丰富了农村双层经营体制的内涵。家庭联产承包责任制实现集体土地的"两权"分离，主要解决调动亿万农民的生产积极性问题，"三权"分置主要解决农业适度规模经营、集约化经营及发展现代农业问题。

(一)集体土地所有权

农村集体土地所有权是经历了土地改革、初级社、高级社、人民公社等发展阶段,由自然资源与国家、集体长期投入形成的。我国宪法规定,"农村和城市郊区的土地,除由法律规定属于国家所有的以外,属于集体所有"。《中华人民共和国物权法》(以下简称《物权法》)规定,农村集体土地"属于本集体成员集体所有"。农村集体经济组织或者村委会代表集体经济组织行使所有权,享有对土地占有、使用、收益和处分的权利。我国农村集体土地所有权集体所有制同全民所有制一样,是社会主义经济制度的基础。修改土地承包法,需要与宪法及相关法律衔接好。

农村改革初期,土地承包经营权是按照债权思路设计的,村集体与农户签订承包合同,通过契约明确集体与农户的权利义务。为了防止长期形成的"计划体制""公社体制"的惯性影响,当时的立法倾向是防止集体所有权侵犯土地承包经营权。2007年制定的《物权法》,将土地承包经营权界定为用益物权,集体所有权侵犯承包经营权的问题从法律上得以解决。这次修改《中华人民共和国农村土地承包法》(以下简称《农村土地承包法》),立足于坚持集体土地所有权制度,清晰界定集体土地所有权与土地承包经营权的权利内容,防止集体土地所有权虚置,做到权利平衡、不相互挤压。

原《农村土地承包法》将集体土地所有权的权利内容界定为发包权、监督权、管理权及法律、法规规定的其他权利。修改后的《农村土地承包法》,对集体经济组织在土地发包、土地流转、土地用途管制、土地合理利用、土地经营权融资担保管理等方面的权利进一步细化。

(二)土地承包权

土地承包权是承包地流转后从土地承包经营权中分置出来的,农户拥有土地承包权是农村基本经营制度的基础。实践中,取得承包权有两个条件:具有本集体经济组织成员资格(成员属性);与发包方签订了承包合同,获得了承包地(财产属性)。

土地承包经营权与土地承包权的权利主体都是土地承包方。承包方的权利:一是承包期限内使用承包地,自主组织生产经营和处置产品的权利;二是承包期内出租(转包)、互换、转让、入股、交回承包地获得收益的权利;三是承包地被征收、征用、占用获得补偿的权利;四是承包期内承包人应得的承包收益可以依法继承,林地承包人死亡,其继承人可以在承包期内继承承包等。土地承包经营权互换、转让须在集体经济组织内进行,互换是为了方便耕作,转让是放弃土地承包经营权,发包方需要与新承包方重新确定承包关系。

在承包地未流转的情况下,承包方拥有土地承包经营权,既承包又经营(2017年约占全国承包农户的70%,承包土地的65%)。在承包地流转的情况下,承包方拥有土地承包权,只承包不经营,经营权流转给了第三方(目前约占全国承包农户的30%,承包土地的35%)。流转是土地承包权设立的前提。如果承包方与第三方的土地流转合同到期,承包方仍享有土地承包经营权。土地承包权权能中的收益权和受限定的处分权(可以收回土地经营权但不能买卖承包地)是现实存在的,不是虚置的权利。

(三)土地经营权

承包方采用出租(转包)、入股等方式将承包地流转给第三方使用后,土地经营权转移。保障土地经营权人依法享有的合法权益,规范流转行为,是完善农村土地承包法律制度的一个重点,也是农村基本经营制度的与时俱进。

土地经营权人的权利:一是按照合同使用流转的承包地,自主开展生产经营并取得收益;二是因改善生产条件、提高生产能力获得相应补偿;三是经承包方同意并向发包方备案,可以用土地经营权设定融资担保;四是经承包方同意并向发包方备案,可以再流转土地经营权等。土地经营权人承担的义务：支付土地流转对价，不改变流转土地的农业用途和连续两年以上弃耕抛荒，不破坏农业综合生产能力和土地生态环境等。

二、农村土地承包关系保持稳定并长久不变

落实中央关于农村土地承包关系保持稳定并长久不变的决策，确保农村土地承包制度改革于法有据，是修改《农村土地承包法》要考虑的又一重要问题。

2008年，党的十七届三中全会决定提出，"赋予农民更加充分而有保障的土地承包经营权，现有土地承包关系要保持稳定并长久不变"。2015年，中共中央、国务院《关于加大改革创新力度加快农业现代化建设的若干意见》提出，"抓紧修改农村土地承包方面的法律，明确现有土地承包关系保持稳定并长久不变的具体实现形式"。土地承包关系从"长期稳定"到"长久不变"，目的是给土地承包经营权人稳定的经营预期，巩固和完善农村基本经营制度。

三、第二轮土地承包到期再延长 30 年

党的十九大报告提出，第二轮土地承包到期后再延长30年，修正案及时将这个重大决策转化为法律规范。这样规定，既体现土地承包关系稳定的主基调，又有利于处理坚持土地集体所有与保护农民财产权的关系，有利于处理土地承包制度稳定与完善的关系，有利于处理土地流转、适度规模经营与化解人地突出矛盾的关系。

耕地承包再延长30年，综合考量了土地适度规模和集约化经营、发展现代农业、城乡人口结构大变动的宏观背景和保障农民享有平等的土地权利等多种因素，符合农村实际，与中华人民共和国成立一百年的奋斗目标也是契合的。习近平总书记2017年10月19日在参加党的十九大贵州代表团审议时说，"确定30年时间，是同我们实现强国目标的时间点相契合的。到建成社会

主义强国时，我们再研究新的土地政策"。草地、林地二轮承包期届满后，按照相关规定继续延长。

四、维护进城落户农民的土地承包经营权

原《农村土地承包法》规定，"承包期内，承包方全家迁入小城镇落户的，应当按照承包方的意愿，保留其土地承包经营权或者允许其依法进行土地承包经营权流转。承包期内，承包方全家迁入设区的市，转为非农业户口的，应当将承包的耕地和草地交回发包方。承包方不交回的，发包方可以收回承包的耕地和草地"。

党的十八届五中全会决定提出，"维护进城落户农民土地承包权、宅基地使用权、集体收益分配权，支持引导其依法自愿有偿转让上述权益"。修正案按照党的十八届五中全会精神作了衔接。

2018年，进城务工农民约有2.8亿人，其中1.1亿人在乡内务工，亦工亦农；1.7亿人在乡外务工，离土离乡。近些年每年进城落户1 500万～1 600万人。由于历史形成的城乡二元结构，城乡居民在经济权利实现上差别较大，农民形式上落户城市，但要完全融入城市将是长期的历史过程。进城务工落户农民在承包期内的土地承包经营权、宅基地使用权和集体收益分配权，是基于其集体经济组织成员身份享有的财产性权利，在农民落户就业还处于不稳定状态时，不能剥夺其享有的上述权利。

对此，在制度设计上把握了3个原则。

第一，承包期内，农民进城落户，无论是部分成员或者举家迁入，都不以退出土地承包权为前置条件，稳定是主基调。

第二，承包期内，农民全家在城镇落户后，引导支持其依法自愿有偿转让承包地或流转土地经营权。

第三，把是否交回承包地的选择权交给进城落户农民和其原所在的集体经济组织，不代替农民和集体经济组织选择。从地方的试验看，只要补偿到位，自愿转让土地承包权是可以做到的，

少数人交回承包地也是有的,补偿水平成为能否顺利转让或是否交回承包地的关键。

五、土地经营权可以融资担保

党的十八届三中全会决定提出,在坚持和完善最严格的耕地保护制度前提下,赋予农民对承包地占有、使用、收益、流转及承包经营权抵押、担保权能。2015年12月27日,第十二届全国人大常委会第十八次会议决定,授权国务院在北京大兴区等232个试点县(市、区)行政区域,暂时调整实施《物权法》《中华人民共和国担保法》关于集体所有的耕地使用权不得抵押的规定,至2018年12月31日试点结束。

以承包地的土地经营权作为融资担保标的物,是以承包人对承包地享有的占有、使用、收益和流转权利为基础的,满足用益物权可设定为融资担保标的物的法定条件。随着土地承包经营权确权登记、农村土地流转交易市场完善,将承包地的土地经营权纳入融资担保标的物范围水到渠成。以承包地的土地经营权为标的物设定担保,当债务人不能履行债务时,债权人依法定程序处分担保物,只是转移了承包地的土地经营权,实质是使用权和收益权,土地承包权没有转移,承包地的集体所有性质也不因此改变。

第三方通过流转取得的土地经营权,经承包方书面同意并向发包方备案,也可以向金融机构融资担保。由于各方面对继受取得的土地经营权是物权还是债权有争议,是作为用益物权设定抵押,还是作为收益权进行权利质押,分歧很大。立法不陷入争论,以服务实践为目的,使用了土地经营权融资担保概念,这是抵押、质押的上位概念,将两种情形都包含进去,既保持与相关民法的一致性,又避免因性质之争影响立法进程。

六、承包经营权的入股权能

党的十八届三中全会决定提出,"允许农民以承包经营权入股发展农业产业化经营"。2014年11月，中共中央办公厅（以下简称中办）、国办《关于引导农村土地经营权有序流转发展农业适度规模经营的意见》提出，"引导农民以承包地入股组建土地股份合作组织""允许农民以承包经营权入股发展农业产业化经营"。

对于农村土地承包经营权入股，原《农村土地承包法》是将家庭承包方式和"四荒地"招标、拍卖、公开协商承包方式分开处理的。对于家庭承包方式取得的承包地，原《农村土地承包法》将入股限定在承包方自愿联合从事农业合作生产的范围。对"四荒地"的土地承包经营权，原《农村土地承包法》规定可以采取入股方式流转。这次《农村土地承包法》修改，增加了承包方可以采用入股的方式流转土地经营权的规定，但需向发包方备案。

承包地的土地经营权采取入股方式流转，与原法规定的土地承包经营权入股发展农业合作不同，前者宽泛，包括入股法人企业，后者是入股组建土地股份合作社；前者的治理结构可以是公司制，后者是股份合作制，是特殊的法人治理结构；承包地的土地经营权入股法人企业后，能处置的只是承包地的土地经营权，土地承包权仍归承包方，集体土地所有权也不改变。对此，《农村土地承包法》仅作原则性规定，给实践留出空间，以后总结经验并制定配套规定，同时注意与《中华人民共和国公司法》等法律对接好。

七、工商企业流转土地经营权的准入监管

近年来，一些工商企业投资农业，通过流转农民承包地，从事规模化经营，推动了农业结构调整，提高了农业生产力水平，但也出现借农业产业化经营之名行圈占农村土地之实，违法违规进行非农、非粮化建设，影响国家粮食安全和主要农产品供给的问题。对于工商企业进行农业产业化经营，一方面要鼓励，另一方面要求严格工商企业流转土地经营权的准入监管，总的要求是

不得改变土地集体所有权性质、不得改变土地用途、不得损害农民土地承包权益。

《农村土地承包法》规定，县级以上地方人民政府应当建立工商企业等社会资本流转土地经营权的资格审查、项目审核和风险防范制度，本集体经济组织可以收取适量管理费用。上述规定，目的是加强农地用途管制和保护农民流转土地经营权的权益，是规范而不是堵，允许工商企业进入农业提升集约化经营水平的方向没有改变。当然，要禁止借机设置门槛搞权力寻租。

八、妇女土地承包权益的保护

原《农村土地承包法》中对保护妇女土地承包权益已有规定。现实中侵害妇女土地承包权益，表现为通过制定村规民约，对结婚、离婚或丧偶妇女（包括入赘男）的土地承包权益、集体经济收益的分配权益等进行限制。农村土地承包是按户承包，按人分地，妇女出嫁前，是具有土地承包经营权的家庭成员。妇女如在婚入地未取得承包地，按照原《农村土地承包法》的规定，婚出地的发包方不得收回其承包地。如果婚出地家庭兄弟姐妹分家析产，出嫁女依然享有原家庭承包土地的财产权益。这次修订法进一步明确，农户内家庭成员依法平等享有承包土地的各项权益。土地承包经营权证或者林权证应当将具有土地承包经营权的全部家庭成员列入。

这个问题还涉及《中华人民共和国村民委员会组织法》和《中华人民共和国妇女权益保障法》。两法规定，"村民自治章程、村规民约以及村民会议或者村民代表会议的决定不得与宪法、法律、法规和国家的政策相抵触，不得有侵犯村民的人身权利、民主权利和合法财产权利的内容"。"任何组织和个人不得以妇女未婚、结婚、离婚、丧偶等为由，侵害妇女在农村集体经济组织中的各项权益。因结婚男方到女方住所落户，男方和子女享有与所在地农村集体经济组织成员平等的权益"。

对上述规定，在修改相关法律时增加法律责任，将违反法律规定的村民自治章程和村规民约及村民会议或者村民代表会议决定,明确为侵害妇女土地承包权益的违法行为;建立对村规民约的审查机制,规定乡镇政府依法对村民自治章程和村规民约的备案审查,对出现侵害妇女承包权益的条款及时责令改正;完善救济途径,赋予妇女向人民法院申请撤销侵害妇女承包权益的村民自治章程、村规民约及村民会议或者村民代表会议决定的权利等。

九、授权确认农村集体经济组织成员身份

有意见提出,应在《农村土地承包法》中对农村集体经济组织成员身份认定做出规定。因为只有具有农村集体经济组织成员身份,才拥有土地承包经营权,丧失成员身份,就不再享有土地承包经营权。随着第二轮土地承包陆续到期,农村集体经济组织成员身份确认问题已十分迫切。

鉴于自人民公社制度解体以来,集体经济组织成员身份边界不清问题由来已久,十分复杂。经反复权衡,修正案只作出衔接性规定,对确认农村集体经济组织成员身份的原则、程序等留给其他法律或法规具体规定。

第二节 科学合理利用耕地资源

2020年,国办印发了《关于防止耕地"非粮化"稳定粮食生产的意见》(以下简称《意见》)。

一、《意见》出台的背景和意义

习近平总书记强调,解决好吃饭问题,始终是治国理政的头等大事。近年我国农业结构不断优化,区域布局趋于合理,粮食生产连年丰收,连续6年保持在1.3万亿斤以上,为稳定经济社会发展大局提供坚实支撑。与此同时,部分地区也出现耕地"非粮化"倾向,一些地方把农业结构调整简单理解为压减粮食生

产，一些经营主体违规在永久基本农田上种树挖塘，一些工商资本大规模流转耕地改种非粮作物等，这些问题如果任其发展，将影响国家粮食安全。随着我国人口数量增长、消费结构不断升级和资源环境承载力趋紧，粮食产需仍将维持紧平衡态势；2020年突如其来的新冠肺炎疫情，使粮食等大宗农产品贸易链、供应链受到冲击，国际农产品市场供给不确定性增加。必须坚持把确保国家粮食安全作为"三农"工作的首要任务，以稳定国内粮食生产来应对国际形势变化带来的不确定性，将有限的耕地资源优先用于粮食生产，采取有力措施防止耕地"非粮化"，着力稳政策、稳面积、稳产量，牢牢守住国家粮食安全的生命线。

党中央、国务院对此高度重视，习近平总书记多次作出重要指示，李克强总理提出明确要求。《意见》强调，各地各部门要充分认识防止耕地"非粮化"稳定粮食生产的重要性紧迫性，把确保国家粮食安全作为"三农"工作的首要任务，科学合理利用耕地资源，共同扛起保障国家粮食安全的责任；要坚持问题导向，明确耕地利用优先序，加强粮食生产功能区监管，稳定非主产区粮食种植面积，有序引导工商资本下乡，严禁违规占用永久基本农田种树挖塘；要坚持激励约束相结合，严格落实粮食安全省长责任制，完善粮食生产支持政策，加强耕地种粮情况监测，确保各项任务落实到位。

二、科学合理利用耕地资源的要求

耕地是粮食生产的根基。我国耕地总量少，质量总体不高，后备资源不足。面对农产品生产需求多样化，必须处理好发展粮食生产和发挥比较效益的关系，不能单纯以经济效益决定耕地用途，必须集中力量把最基本最重要的保住，将有限的耕地资源优先用于粮食生产，确保谷物基本自给、口粮绝对安全。对此，《意见》提出要科学合理利用耕地资源，明确耕地利用优先序。首先，永久基本农田要重点用于发展粮食生产，特别是保障稻谷、小麦、玉米三大谷物的种植面积。其次，一般耕地应主要用于粮食和棉、油、糖、蔬菜等农产品及饲草饲料生产。第三，在优先满足粮食和食用农产品生产基础上，适度用于非食用农产品生产。对市场明显过剩的非食用农产品，要加以引导，防止无序发展。

三、加强粮食生产功能区监管和建设

粮食生产功能区是在永久基本农田中，划定的水土资源条件较好、基础设施较为完善、相对集中连片的地块，是确保粮食产能的核心区域，是稳定口粮种植面积的重要基础。按照国办关于建立粮食生产功能区和重要农产品生产保护区的指导意见要求，目前各地已划定9亿亩粮食生产功能区，并基本完成上图入库，精准落实到地块。据测算，粮食生产功能区建成后，可以保障我国95%的口粮和90%以上的谷物需求。按照《意见》要求，将从两方面入手，发挥粮食生产功能区在确保国家粮食安全中的作用。一方面，加强监管，防止粮食生产功能区弱化粮食生产。把粮食生产功能区落实到地块，引导种植目标作物，保障粮食种植面积。组织开展粮食生产功能区划定情况"回头看"，对粮食种植面积大但划定面积少的进行补划，对耕地性质已发生改变、不符合划定标准的予以剔除并及时补划。引导作物一年两熟以上的粮食生产功能区至少生产一季粮食，种植非粮作物的要在种植一季后能够恢复粮食生产。不得擅自调整粮食生产功能区，不得违规在粮食生产功能区内建设种植和养殖设施，不得违规将粮食生产功能区纳入退耕还林还草范围，不得在粮食生产功能区内超标准建设农田林网。另一方面，加大政策支持力度，稳定粮食种植面积。研究制定加强粮食生产功能区建设的意见，建立精准支持政策体系，推动相关农业资金向粮食生产功能区倾斜，优先支持粮食生产功能区内目标作物种植。把粮食生产功能区作为高标准农田建设重点，加快建成"一季千斤、两季一吨"的高标准粮田，提升粮食综合生产能力。

四、稳定各地区粮食生产

我国人多地少的基本国情,决定了必须举全国之力解决14亿人的吃饭大事,各地区都有保障国家粮食安全的责任和义务。但近年来一些粮食产销平衡区自给率明显下降,主销区自给率持续低位下行,主销区和产销平衡区粮食净调入量明显增加。《意见》要求,粮食主产区要努力发挥优势,巩固提升粮食综合生产能力,继续为全国做贡献;产销平衡区和主销区要保持应有的自给率,确保粮食种植面积不减少、产能有提升、产量不下降,共同维护好国家粮食安全。

按照《意见》部署,下一步将采取激励和约束相结合措施,调动各地区重农抓粮积极性。细化要求,粮食产销平衡区和主销区要按照重要农产品区域布局及分品种生产供给方案要求,制定具体实施方案并抓好落实,扭转粮食种植面积下滑势头。产销平衡区要着力建成一批旱涝保收、高产稳产的口粮田,保证粮食基本自给。主销区要明确粮食种植面积底线,稳定和提高粮食自给率。压实责任,各地要切实承担起保障本地区粮食安全的主体责任,稳定粮食种植面积,将粮食生产目标任务分解到市县。强化粮食安全省长责任制考核,提高粮食种植面积、产量和高标准农田建设等考核指标权重,细化对粮食主产区、产销平衡区和主销区的考核要求。严格考核并强化结果运用,对成绩突出的省份进行表扬,对落实不力的省份进行通报约谈,并与相关支持政策和资金衔接,切实发挥考核的"指挥棒"作用。利益补偿,健全粮食主产区利益补偿机制,落实产粮大县奖励政策,将省域内高标准农田建设产生的新增耕地指标调剂收益优先用于农田建设再投入和债券偿还、贴息等,让粮食生产大省大县种粮不吃亏、有动力。

五、防止大规模流转耕地不种粮的措施

近年来,各地积极引导和规范工商资本下乡,在带动乡村产

业发展、加强农村基础设施建设、促进农民增收等方面发挥了积极作用。但也出现了工商资本违反相关产业发展规划大规模流转耕地不种粮的现象。为此,《意见》将采取四方面措施解决。一是强化引导。强化政策激励和宣传引导,鼓励和引导工商资本发挥比较优势,到农村从事良种繁育、粮食加工流通和粮食生产专业化社会化服务等适合企业化经营、效益高、不与农民争利的领域,支持其与农户建立紧密利益联结机制,形成利益共同体,参与粮食全产业链发展。二是修订相关法规。修订农村土地经营权流转管理办法,规范工商企业等社会资本租赁农地行为,加强对土地经营权流转的规范管理,防止浪费农地资源、损害农民土地权益,让农民成为土地流转和规模经营的积极参与者和真正受益者。三是健全监管制度。督促各地抓紧依法建立健全工商资本流转土地资格审查和项目审核制度,为引导农村土地规范有序流转提供必要的制度支撑。四是坚决制止违规行为。强化租赁农地监测监管,对工商资本违反相关产业发展规划大规模流转耕地不种粮的"非粮化"行为,一经发现要坚决予以纠正,并立即停止其享受相关扶持政策。

第三节 农村土地经营权流转

农业农村部发布《农村土地经营权流转管理办法》(以下简称《办法》),自 2021 年 3 月 1 日起施行。

一、《办法》的出台背景

现行的《农村土地承包经营权流转管理办法》是农业部 2005 年颁布实施的,至今已有 16 年,该办法对于规范农村土地流转发挥了重要作用。党的十八大以来,中央出台了一系列相关政策措施。2014 年中办、国办印发《关于引导农村土地经营权有序流转发展农业适度规模经营的意见》;2015 年农业部、中央农村工作领导小组办公室(简称中央农办)、国土资源部、国家工商总局印发《关于加强对工商资本租赁农地监管和风险防范的意见》；2018年第十三届全国人大常委会第七次会议表决通过新修改的《农村土地承包法》。这些政策法律确立了农村承包地"三权"分置框架，规范了农村土地经营权流转，赋予了土地经营权融资担保等权能，并要求建立工商企业等社会资本流转土地经营权准入监管制度，具体办法由国务院农业农村主管部门规定。综上所述，2005年出台的《农村土地承包经营权流转管理办法》许多条款已不适应新的形势和法律政策要求，需要及时修改。2019年以来，农业农村部组织有关方面对其进行修订，并广泛征求了社会各界意见，根据各方反馈意见进一步完善后，出台了《农村土地经营权流转管理办法》。

二、新《办法》体现的新内容

《农村土地经营权流转管理办法》是适应新形势新实践新要求制定的，延续了中央一贯的政策基调，遵循了《农村土地承包法》的立法精神。新《办法》的"新"主要体现在3个方面。

一是落实"三权"分置制度，采用了新名称。按照集体所有权、农户承包权、土地经营权"三权"分置并行要求，新《办法》聚焦土地经营权流转，将规章名称修改为《农村土地经营权流转管理办法》，在依法保护集体所有权和农户承包权的前提下，主要就平等保护经营主体依流转合同取得的土地经营权，增加了一些具体规定，有助于进一步放活土地经营权，使土地资源得到更有效合理的利用。

二是贯彻加强监督管理要求，作出了新规定。落实《农村土地承包法》要求，新《办法》明确了对工商企业等社会资本通过流转取得土地经营权的审查审核具体规定，以及建立风险保障制度的要求，以更好地保障流转双方合法权益。

三是围绕强化耕地保护和粮食安全，补充了新内容。落实习近平总书记最新重要指示精神和国办《关于防止耕地"非粮化"稳定粮食生产的意见》《关于坚决制止耕地"非农化"行为的通知》要求，新《办法》中强化了耕地保护和促进粮食生产的内容。

三、土地经营权流转的风险保障

受市场波动、自然灾害等多种因素影响，农业生产经营存在一定风险，特别是近年来粮食等农产品生产比较效益下降，导致一些经营主体因亏损而毁约甚至"跑路"。为了更好保障流转双方的合法权益，新《办法》专门增加了加强流转风险保障的相关内容。

一是要求县级以上地方人民政府依法建立工商企业等社会资本通过流转取得土地经营权的风险防范制度。

二是鼓励各地建立多种形式的土地经营权流转风险防范和保障机制。如鼓励流转双方在土地经营权流转市场或农村产权交易市场公开交易，签订规范的流转合同，明确双方的权利义务；鼓励保险机构为土地经营权流转提供流转履约保证保险等多种形式保险服务等。

三是明确有条件的可以设立风险保障金。实践中，一些地方通过政府适当补助的形式建立了土地经营权流转风险保障金制度，取得了较好的效果。但考虑各地差异较大，同时也避免增加经营主体负担，新《办法》不要求统一设立风险保障金，只是规定涉及整村（组）土地经营权流转面积较大、涉及农户较多、经营风险较高的项目可以设立风险保障金，但具体额度由流转双方协商。

第四节 高标准农田建设规划

2021年9月16日，经国务院批复，《全国高标准农田建设规划（2021—2030年）》（以下简称《规划》）正式印发实施。《规划》提出了今后一个时期高标准农田建设的指导思想、工作原则、总体目标、建设标准和建设内容、建设分区和建设任务、建设监管和后续管护、效益分析、实施保障等,是指导各地科学有序开展高标准农田建设的重要依据。

一、政策出台的背景

民以食为天,食以土为本。农田作为粮食生产的基础,其质量高低不仅影响粮食产量的高低,还关系农产品质量的好坏,是粮食安全的根基。同时,农田作为生态系统的重要组成部分,土壤是重要的碳库(碳汇),对推动农业绿色低碳发展,推进农业农村生态文明建设具有重要作用。

党中央、国务院高度重视高标准农田建设。习近平总书记多次作出重要指示,强调要突出抓好耕地保护和地力提升,加快推进高标准农田建设,切实提高建设标准和质量,真正实现旱涝保收、高产稳产。为此,农业农村部会同有关部门和地方政府认真贯彻落实党中央、国务院决策部署,深入实施藏粮于地、藏粮于技战略,加强政策支持,强化工作指导,推动各地大力推进高标准农田建设,改善农业生产条件、生态环境,提升粮食生产能力。截至2020年底,全国已完成8亿亩高标准农田建设任务。建成后的高标准农田,在节水、节电、节肥、节药、节人工等方面均有明显的效果,亩均粮食产能一般增加10%~20%,亩均节本增效约500元,为保护农民种粮积极性,确保全国粮食产量连续多年稳定在1.3万亿斤以上发挥了重要支撑作用。

党的十九届五中全会明确提出,实施高标准农田建设工程,"十四五"规划纲要和近年来中央一号文件均对编制实施新一轮全国高标准农田建设规划作出具体部署。为此,农业农村部深入16个省120多个县开展实地调研,多次召开专题会议研讨论证,广泛征求中央有关部门、地方政府、相关领域专家、基层农田建设管理人员等各方面意见的基础上,牵头形成了《规划》,并于2021年8月27日经国务院批复正式实施。

二、政策出台的意义

第一方面,为什么要建设高标准农田,即如何认识它的必要性和紧迫性。

洪范八政,食为政首。习近平总书记反复强调要扛稳粮食安全重任,推进高标准农田建设,稳步提升粮食产能,可以说,建设高标准农田是巩固和提升粮食产能的关键举措。为此,我们大规模推进高标准农田建设,并取得了显著的成效。近年来,我国粮食连年丰收,全社会库存充裕,尤其是在应对新冠肺炎疫情中,粮食和重要农产品稳产保供,经受住了大考,发挥了重要作用,可谓"功不可没"。同时,我们也要看到,我国粮食仍处于而且将长期处于紧平衡状态。随着人口数量的增加,特别是消费结构、营养水平的提升,我国粮食需求都还将保持刚性增长的态势。再加上病虫害和自然灾害等不确定因素的影响,我国在粮食安全方面一刻也不能掉以轻心,必须要不断巩固和提升粮食的综合生产能力。

目前,从全国来看,我们的国情就是人多地少水缺,而且耕地的质量总体还不高,中下等质量的耕地占到70%左右,后备资源不足。加上光温、水土时空分配不均,还有利用不合理等问题,农田基础设施薄弱,抗灾减灾能力还不强。所以,当前和今后一个时期,我们粮食稳产保供既要保数量,还要保多样、保质量、保生态,确保国家粮食安全的任务还是相当艰巨的,或者说更加艰巨。为此,稳住粮食安全这个压舱石,既要确保耕地的数量,还要不断提升耕地质量以及整个农田的综合产能。高标准农田是旱涝保收、高产稳产的农田,是耕地中的精华。大力推进高标准农田建设,是巩固和提升粮食安全生产能力、保障国家粮食安全的关键举措和紧迫任务。"十四五"时期乃至今后更长一段时期,迫切需要加快高标准农田建设步伐,深入实施"藏粮于地、藏粮于技"战略,进一步筑牢国家粮食安全保障基础。

第二方面,高标准农田建设要达到一个什么样的目标和标准，建设的主要内容是什么。

《规划》对高标准农田建设内容提出了明确要求，就是要通过田块整治、土壤改良、灌排沟渠和田间道路配套等综合措施，不断改善农田基础设施条件，集中力量打造集中连片、旱涝保收、节水高效、稳产高产、生态友好的高标准农田。这里面既有软件部分，也有硬件部分。从近些年的实际情况看，高标准农田建成以后，能够显著提高水土资源利用效率，增强粮食生产能力和防灾抗灾减灾能力，建成后项目区粮食产能平均能够提高10%～20%。《规划》提出，到2022年建成高标准农田10亿亩，以此稳定保障1万亿斤以上粮食产能；到2025年建成10.75亿亩，并改造提升现有高标准农田1.05亿亩，以此稳定保障1.1万亿斤以上粮食产能；到2030年建成高标准农田12亿亩，并改造提升现有高标准农田2.8亿亩，以此稳定保障1.2万亿斤以上粮食产能。

三、高标准农田高在哪里

高标准农田高在哪，主要体现在这样几个方面。高标准农田是按照国家统一规划和国家标准实施的重大农田基础设施建设项目。

第一个"高"是农田质量高。高标准农田是集中连片、田块平整、规模适度，水路电等基础设施配套比较完备，土地比较肥沃，与现代农业生产条件相适应。通俗来说，就是地平整、土肥沃、田成方、林成网、路相通、渠相连、旱能浇、涝能排。这很形象地说明了高标准农田建设的农田质量是高的，适应农业现代化发展的需要，有利于推动规模化经营、机械化生产、标准化生产。

第二个"高"是产出能力高。从各地的实践看，高标准农田建成以后，一般能提高10%～20%的产能，也就是100千克左右的产能。

第三个"高"是抗灾能力高。高标准农田建成以后，由于设施条件大幅度改善，实现旱能浇、涝能排，稳产高产，大灾少减产，小灾不减产，一般年景多增产。

第四个"高"是资源利用效率高。高标准农田通过集中连片建设以后，规模化经营，有效提高了规模效益，提高了资源的利用效率。高标准农田节水、节肥、节药、节人工成效明显，很好地提升了资源利用效率。

四、《规划》的主要内容

《规划》深入贯彻习近平总书记关于粮食安全和高标准农田建设精神，在总结近年来农田建设情况的基础上，分析了全国高标准农田建设面临的形势，明确了高标准农田建设的方向和目标任务，是指导今后一个时期系统开展高标准农田建设的重要依据和行动指南，对凝聚各方共识加快构建农田建设新格局，推动农业高质量发展和乡村全面振兴，夯实国家粮食安全基础具有十分重要的意义。

概括起来，《规划》具有以下几个特点和主要内容。

第一，《规划》坚持系统思维和全局观念，立足我国国情和经济社会发展阶段，着眼长远和全局，综合考虑自然资源禀赋、工作基础、财力状况等因素，提出了今后一个时期高标准农田建设总体目标任务，明确到2025年累计建成10.75亿亩并改造提升1.05亿亩、2030年累计建成12亿亩并改造提升2.8亿亩高标准农田；到2035年，全国高标准农田保有量和质量进一步提高。

第二，《规划》紧扣高质量发展主题，明确了高标准农田建设的田（田块整治）、土（土壤改良）、水（灌溉与排水）、路（田间道路）、林（农田防护和生态环保）、电（农田输配电）、技（科技服务）、管（管理利用）8个方面的内容，可以说是集水、土、气、生态条件于一体，是需要统筹协调的系统工程。要求加快构建科学统一、层次分明、结构合理的高标准农田建设标准体系。同时，综合考虑建设成本、物价波动、政府投入能力和多元筹资渠道等因素，逐步提高亩均投入水平，全国高标准农田建设亩均投资一般应逐步达到 3 000 元左右。

第三,《规划》紧盯粮食生产首要目标,优化了建设分区,明确了分区域建设重点,要求科学设计建设内容,加强项目精细化管理,严格执行相关建设标准和规范,开展耕地质量等级变更评价,提高建设质量。规范项目竣工验收,健全长效管护机制,实现项目长久持续发挥效益。同时,《规划》还明确了实施保障措施。

第四,《规划》注重坚持问题导向、目标导向,与上一轮2011—2020年的全国高标准农田建设总体规划相比,具有3个突出特点。一是更加突出产能保障。立足确保谷物基本自给、口粮绝对安全,以提升粮食产能为首要目标,优先在永久基本农田、"两区"(即粮食生产功能区、重要农产品生产保护区),集中力量建设集中连片、旱涝保收、节水高效、稳产高产、生态友好的高标准农田,形成一批"一季亩均千斤、两季亩均吨粮"的口粮田,进一步筑牢保障国家粮食安全基础,把饭碗牢牢端在自己手上。二是更加突出质量要求。坚持新增建设与改造提升并重、建设数量和建成质量并重、工程建设与建后管护并重,产能提升和绿色发展相协调(即"三并重一协调"),合理安排已建高标准农田改造提升,进一步提升粮食生产和重要农产品供给能力,形成更高层次、更有效率、更可持续的国家粮食安全保障基础。三是更加突出针对性和可操作性。针对不同区域粮食生产面临的主要障碍因素,分类指导,将全国高标准农田建设分成东北区、黄淮海区、长江中下游区、东南区、西南区、西北区、青藏区7个区域,因地制宜提出各分区建设重点和分省建设目标任务。

五、《规划》的实施步骤

粮食安全是国之大者,是最重要的经济安全之一,是统筹发展和安全的重要内容。在"十四五"规划纲要中有明确的部署。建设高标准农田是夯实粮食生产能力基础、保障国家粮食安全和重要农产品供给的关键举措。"十四五"规划纲要明确提出,要以粮食生产功能区和重要农产品生产保护区为重点,实施高标准农田建设工程,到2025年建成10.75亿亩集中连片高标准农田。

《规划》是落实"十四五"规划纲要的重要专项规划之一,是指导今后一个时期系统、全面开展高标准农田建设的重要依据和规范性要求。《规划》对田、土、水、路、林、电、技、管8个方面提出了明确的要求,也分七大区域明确了建设重点。在《规划》编制过程中,国家发展改革委按照"十四五"规划纲要部署,结合乡村振兴战略规划的实施,以及国土空间规划、水利建设规划等相关规划,加强统筹衔接平衡,特别是在高标准农田建设的目标任务和区域布局方面,提出尽力而为、量力而行的原则,强调"两个优先",即集中力量在划定的永久基本农田保护区、粮食生产功能区和重要农产品生产保护区优先安排高标准农田建设,优先将现有或规划建设的大中型灌区范围之内的有效灌溉面积建成旱涝保收、稳产高产的高标准农田。

为推进《规划》实施,下一步,国家发展改革委将重点做好以下工作。

一是建立完善规划体系。会同农业农村部加快推进建立和完善国家、省、市、县四级高标准农田建设规划体系,做好与相关规划的衔接平衡,把规划任务落实落地,促进灌区骨干工程改造建设与田间工程实施相协同,确保高标准农田建设布局与全国农业生产的布局相符合,为打造现代农业生产基地和产业集群,构建现代农业产业体系创造基础条件。

二是加大资金的支持力度。在中央预算内投资安排上,持续加大对高标准农田建设、大中型灌区等的支持力度,加强投资计划执行情况的监管,推动落实"藏粮于地、藏粮于技"战略,确保国家粮食安全和重要农产品供给。2021年,在资金十分紧张的情况下,国家发展改革委较大幅度增加了高标准农田建设的投入力度,已经安排下达中央预算内投资220亿元,支持建设高标准农田和实施东北黑土地保护工程,这个投资规模比2020年的165

亿元增长了33%。

三是推动完善相关的政策措施。例如，新建高标准农田和改造提升高标准农田具体投资标准的确定，不同区域高标准农田建设的投资标准、拓宽高标准农田建设的投入渠道，完善工程建设机制、建后管护机制等方面。要总结和推广各地建设高标准农田，多渠道多方式筹措建设资金的好经验、好做法，引导有条件的地方集中连片建设高标准农田，确保建一块、成一块。与此同时，持续加强大型灌区建设与现代化改造，推动建立设施完善、用水高效、管理科学、生态良好的灌区工程建设和运行管护体系，形成夯实粮食综合生产能力基础的合力。

第三章　发展多种形式的适度规模经营，推进现代农业经营体系建设

第一节　农民合作社规范提升行动

2019年，经国务院同意，中央农办、农业农村部等11个部门和单位联合印发了《关于开展农民合作社规范提升行动的若干意见》（以下简称《意见》）。

一、《意见》出台的背景和意义

农民合作社是广大农民群众在家庭承包经营基础上自愿联合、民主管理的互助性经济组织，是实现小农户和现代农业发展有机衔接的中坚力量。自2007年《中华人民共和国农民专业合作社法》实施以来，我国农民合作社快速发展。到2019年7月底，全国依法登记的农民合作社达220.7万家。农民合作社产业类型日趋多样，合作内容不断丰富，服务能力持续增强，已成为组织服务农民群众、激活乡村资源要素、引领乡村产业发展和维护农民权益的重要组织载体，在助力脱贫攻坚、推动乡村振兴、引领小农户步入现代农业发展轨道等方面发挥了重要作用。同时也要看到，我国农民合作社发展起步晚、时间短，发展基础仍然薄弱，与广大农民的期盼还有差距，面临运行不够规范、与成员联结不够紧密、指导服务体系不够健全等问题，需要进一步加强指导扶持服务，引导其规范发展。

党中央、国务院高度重视农民合作社发展。习近平总书记指

出，要突出抓好农民合作社和家庭农场两类农业经营主体发展，赋予双层经营体制新的内涵，不断提高农业经营效率。李克强总理强调，通过股份合作、家庭农场、合作社这种形式来发展现代农业是大势所趋，是大方向。党的十八大、十八届三中、五中全会和十九大，多个中央一号文件和多年《政府工作报告》，都对农民合作社发展提出了明确要求。2019年中央一号文件提出，开展农民合作社规范提升行动。《意见》出台是贯彻落实习近平总书记重要指示精神的具体行动，是贯彻落实党中央、国务院决策部署的重要措施，凝聚了各方面的共识。《意见》是今后一段时期促进农民合作社规范提升和做好指导扶持服务工作的重要政策文件。

二、提升农民合作社规范发展水平的要求

提升农民合作社规范发展水平，是维护农民成员合法权益、增强农民合作社内生发展动力的客观要求。《意见》就"如何规范"农民合作社，作出了明确规定，主要体现在5个方面。一是完善章程制度。要求指导农民合作社参照示范章程制定符合自身特点的章程，依章加强内部管理和从事生产经营活动，加强档案管理，实行社务公开。二是健全组织机构。要求农民合作社依法建立成员（代表）大会、理事会、监事会等组织机构，分别履行好议事决策、日常执行、内部监督等职责。规范经理选聘程序和任职要求。推动在具备条件的农民合作社中建立党组织。三是规范财务管理。要求指导农民合作社认真执行财务会计制度，及时向县级农业农村部门报送会计报表，加强内部审计监督。鼓励地方探索建立农民合作社信息管理平台和农民合作社发展动态监测机制。四是合理分配收益。要求农民合作社依法制定盈余分配方案，可分配盈余主要按照成员与所在农民合作社的交易量（额）比例返还。五是加强登记管理。严格依法开展农民合作社登记注册，对农民合作社所有成员予以备案。农民合作社要按时向登记机关报送年度报告，未按时报送年报、年报中弄虚作假、通过登

记住所无法取得联系的,由市场监管部门依法依规列入经营异常名录,推送至全国信用信息共享平台。列入经营异常的农民合作社不得纳入示范社评定范围。

三、促进农民合作社增强服务带动能力的措施

服务成员是农民合作社的宗旨。《意见》围绕乡村产业、服务功能、乡村建设、利益联结、合作联合5个方面,引导鼓励农民合作社增强对农户的服务带动能力。一是发展乡村产业。鼓励农民合作社开展连片种植、规模饲养,壮大优势特色产业。引导农民合作社推行绿色生产方式,发展休闲农业、乡村旅游、民间工艺制造业、信息服务和电子商务等新产业新业态,积极开展绿色食品、有机农产品认证,强化品牌营销推介。二是强化服务功能。鼓励农民合作社加强加工、仓储、物流等关键环节能力建设,延伸产业链条,由种养业向产加销一体化拓展。支持农民合作社开展农业生产托管,依法依规开展互助保险。三是参与乡村建设。鼓励农民合作社建设运营农业废弃物、农村垃圾处理和资源化利用等设施,参与农村基础设施建设。引导农民合作社参与乡村文化建设。四是加强利益联结。鼓励支持农民合作社与其成员、周边农户特别是贫困户建立紧密的利益联结关系,吸纳有劳动能力的贫困户自愿入社发展生产经营。鼓励成员用实物、知识产权、土地经营权、林权等作价出资。五是推进合作与联合。引导家庭农场组建或加入农民合作社,鼓励同业或产业密切关联的农民合作社通过兼并、合并等方式进行组织重构和资源整合。支持农民合作社依法自愿组建联合社。

四、清理"空壳社"的措施

农民合作社数量快速增长的同时,也出现了一定数量的"空壳社",主要表现在无农民成员实际参与、无实质性生产经营活动、因经营不善停止运行,甚至有的打着农民合作社的名义从事非法金融活动。为加强农民合作社规范管理,2019年2月,中

央农办、农业农村部、市场监管总局等11个部门和单位联合印发了《开展农民专业合作社"空壳社"专项清理工作方案》，对"空壳社"专项清理工作作出了具体安排，目前各地正在按照部署进行全面摸底排查。

《意见》对"空壳社"清理进一步明确了3个方面的要求。一是合理界定清理范围。要求清理工作按照农民合作社所在地实行属地管理，重点对被列入经营异常名录、群众反映和举报存在问题以及在"双随机"抽查中发现异常情形的农民合作社依法依规进行清理。二是实行分类处置。要求对列入清理范围的农民合作社，逐一排查，精准甄别存在的问题。依托农民合作社综合协调机制共同会商，按照"清理整顿一批、规范提升一批、扶持壮大一批"的办法，实行分类处置。切实加强指导监督和协调配合，建立健全部门信息共享和通报工作机制。三是畅通退出机制。拓展企业简易注销登记适用范围，对企业简易注销登记改革试点地区符合条件的农民合作社，可适用简易注销程序退出市场。加强政策宣传和服务，为农民合作社自主申请注销提供便利服务。

五、农民合作社规范提升的政策支持

针对农民合作社当前发展面临的突出困难和问题，《意见》重点在财政项目、金融服务、用地用电、人才支撑等方面加大政策创设力度。一是加大财政项目扶持。统筹整合资金加大对农民合作社的支持力度，把深度贫困地区的农民合作社、县级及以上农民合作社示范社、农民合作社联合社等作为支持重点。二是创新金融服务。支持金融机构结合职能定位和业务范围，对农民合作社提供金融支持。鼓励全国农业信贷担保体系创新开发适合农民合作社的担保产品，开展中央财政对地方优势特色农产品保险奖补试点。鼓励各地探索开展产量保险、农产品价格和收入保险等农业保险品种。探索构建农民合作社信用评价体系。三是落实用地用电政策。明确农民合作社从事设施农业，其生产设施用地、附属设施用地、生产性配套辅助设施用地，符合国家有关规定的，按农用地管理。通过城乡建设用地增减挂钩节余的用地指标积极支持农民合作社开展生产经营。落实农民合作社从事农产品初加工等用电执行农业生产电价政策。四是强化人才支撑。分级建立农民合作社带头人人才库，分期分批开展农民合作社骨干培训。依托贫困村创业致富带头人培训，加大对农民合作社骨干的培育。鼓励有条件的农民合作社聘请职业经理人。鼓励支持普通高校设置农民合作社相关课程、农业职业院校设立相关农民合作社专业或设置专门课程。鼓励各地开展农民合作社国际交流合作。

六、农民合作社规范提升的强化指导

《意见》已经正式印发，接下来关键是抓好落实，认真贯彻执行《意见》要求，使政策落地见效。对此，《意见》要求强化指导服务，提出了3个方面的明确要求。一是建立综合协调工作机制。要求全国农民合作社发展部际联席会议成员单位合力推进农民合作社规范提升，地方各级政府要建立健全农业农村部门牵头的农民合作社工作综合协调机制。各地要组织动员社会力量支持农民合作社发展，充分发挥农民合作社联合会在行业自律、信息交流、教育培训等方面的作用。二是建立健全辅导员队伍。重点加强县乡农民合作社辅导员队伍建设，有条件的地方可通过政府购买服务等方式，为乡镇选聘农民合作社辅导员。大力开展基层农民合作社辅导员培训。三是加强基础性制度建设。要求抓紧修订农民合作社相关配套法规，完善农民合作社财务制度和会计制度。各地要加快制修订农民合作社地方性法规。开展农民合作社法律法规教育宣传，为促进农民合作社规范发展营造良好环境。

第二节　家庭农场培育计划

党的十八大以来，党中央、国务院高度重视培育发展家庭农场。习近平总书记指出，要突出抓好农民合作社和家庭农场两类农业经营主体发展，赋予双层经营体制新的内涵，不断提高农业经营效率；要重视培育家庭农场、农民合作社等新型经营主体，注重解决小农户生产经营面临的困难，把他们引入现代农业发展大格局。2019年中央一号文件提出，启动家庭农场培育计划，建立健全支持家庭农场发展的政策体系和管理制度；中办、国办印发的《关于促进小农户和现代农业发展有机衔接的意见》提出，启动家庭农场培育计划，培育一批规模适度、生产集约、管理先进、效益明显的农户家庭农场。近年来，各地区各部门按照党中央、国务院决策部署，积极引导扶持农林牧渔等各类家庭农场发展，取得了初步成效，但家庭农场仍处于起步发展阶段，发展质量不高、带动能力不强，还面临政策体系不健全、管理制度不规范、服务体系不完善等一系列问题。为加快培育发展家庭农场，充分发挥其在乡村振兴中的重要作用，经国务院同意，中央农办、农业农村部等11部门和单位联合印发了《关于实施家庭农场培育计划的指导意见》（以下简称《指导意见》）。

一、实施家庭农场培育计划的原则

《指导意见》明确提出实施家庭农场培育计划过程中重点要把握好以下五大原则。

第一个原则，坚持农户主体。培育发展家庭农场要以农户为主体，在这个基础上积极探索家庭农场的多种发展模式，巩固和完善农村基本经营制度首先就是要坚持家庭经营的基础性地位。在当前我国新型城镇化深入发展的大背景下，要鼓励那些有长期稳定务农意愿的农户来适当地扩大经营规模，发展多种类型的家庭农场，开展多种形式的合作与联合。

第二个原则，坚持规模适度。要引导家庭农场根据产业特点和自身经营管理能力，包括当地的资源情况，来实现最佳的规模效益。这个过程中，特别是要防止片面追求土地等生产资料过度集中，要防止"垒大户"。这一条指导原则是把握《指导意见》精神的关键点。实践中家庭农场经营的规模多大才是最合适的？标准就是看它的效益。只要实现了最佳规模效益，规模可以大一点，也可以小一点。未来我们倡导的家庭农场，就是要以效益论英雄，而不是以规模论英雄。

第三个原则，坚持市场导向。要遵循家庭农场发展的规律，充分发挥市场在推动家庭农场发展中的决定性作用，加强政府对家庭农场的引导和支持。特别是政府给家庭农场提供基础设施、服务等方面的重要作用。换句话说，就是要提高家庭农场的市场竞争力，在市场竞争中实现发展壮大。政府的作用是什么？就是要保驾护航，做好引导和支持。这个过程中切忌过多的行政干预，搞强迫命令。

第四个原则，坚持因地制宜。要鼓励当地立足当地的实际，确定发展重点，创新家庭农场发展的思路，务求实效，不搞一刀切。各地在实践过程中一定要根据本地的资源禀赋、经济社会发展条件，因地制宜、因时制宜地来培育家庭农场，多模式培育、多元化发展，形成百花齐放的局面。

第五个原则，坚持示范引领。要发挥典型示范的作用，以点带面，以示范来促进发展，总结推广不同类型的家庭农场的示范典型，提升家庭农场发展的质量。开展家庭农场示范创建在家庭农场发展实践中是我们认定的一条路子，这个路子要走下去，而且要加大力度。同时要树立一批一批的典型，总结好经验，推广成功的做法，从而促进全国家庭农场快速发展，稳步提升家庭农场的发展质量。

二、《指导意见》的主要内容

《指导意见》的主要内容体现在以下几个方面。

一是强调要坚持农户主体、规模适度、市场导向、因地制宜、示范引领基本原则，按照"发展一批、规范一批、提升一批、推介一批"的思路，加快培育出一大批规模适度、生产集约、管理先进、效益明显的家庭农场。《指导意见》提出了到2020年和到2022年家庭农场培育发展目标。

二是强调完善登记和名录管理制度。《指导意见》围绕合理确定经营规模、优化登记注册服务、健全家庭农场名录系统等，提出了一系列具体的政策措施，确保具有针对性和可操作性。

三是强调强化示范创建引领。要加强示范家庭农场创建，开展家庭农场示范县创建，强化典型引领带动，鼓励各类人才创办家庭农场，积极引导家庭农场发展合作经营。

四是强调建立健全政策支持体系。《指导意见》要求要依法保障家庭农场土地经营权，加强基础设施建设，健全面向家庭农场的社会化服务和家庭农场经营者培训制度。同时，《指导意见》从用地、财政税收、金融保险、"互联网+"、社会保障等方面提出了具体政策措施。

五是强调地方各级政府要将促进家庭农场发展列入重要议事日程，制定本地区家庭农场培育计划并部署实施；县级以上地方政府要建立促进家庭农场发展的综合协调工作机制。

三、家庭农场在生产经营中面临的困难

这些年新型经营主体发展过程中普遍遇到了一些困难，家庭农场作为一支重要的力量和其他经营主体一样也面临着自己的困难。这些困难有些是共性的，有些是家庭农场表现比较突出的。

第一个难题，风险防范。例如，经营过程中，市场的风险；生产过程中，自然的风险等。怎么最大限度地避免风险？家庭农场怎么做？怎么安排自己的生产，安排自己的经营，去防范风险？政府怎么帮助农民、帮助家庭农场减少这些风险？《指导意见》都作出了安排，也呼应了家庭农场对这方面的期待。

第二个难题，用地方面。家庭农场在建设的过程中必须要建

设一些农业设施,如集中育秧的设施、晾晒场、烘干设施、仓储设施、保鲜库、冷链运输、农机库棚等,这些都需要占用一些土地。怎么样取得土地呢?家庭农场和其他经营主体一样也面临着巨大困难,特别是家庭农场相对其他经营主体实力比较弱,用地难度更显得突出。《指导意见》也给出了基本指向。

第三个难题,融资难。融资难是农业领域经营主体普遍面临的问题,家庭农场融资难问题尤其突出,农业产业的特点使得我们没有像工业企业那样有更多的抵押物、质押物,农业抵押质押的范围比较窄。家庭农场相对其他经营主体来说规模比较小,信用贷款获得难度比较大,还有农业信贷担保系统这些年的重点覆盖家庭农场还不够等因素,导致家庭农场在融资方面面临困难比较大,《指导意见》也作出了安排。

第四个难题,人才困难。乡村振兴其中有一条是人才振兴,农村建设、农业建设普遍缺乏人才,家庭农场发展过程中这个问题尤其突出。我们缺乏管理人才、缺乏市场开拓人才、缺乏新技术应用人才。《指导意见》对解决家庭农场人才缺乏问题提出了一系列措施,如加大培训力度,发展面向家庭农场社会化服务中强调科研院所、企业在帮助家庭农场发展中的作用。鼓励各类人才,包括农村的能人、农村生源的大中专毕业生、科技人员参加家庭农场,其中一个方面也是解决了为家庭农场的缺乏人才的问题。

四、家庭农场的支持政策

《指导意见》就完善家庭农场的支持政策提出了很多方面的意见,包括用地、财政、税收、金融、保险、信息化等方面的支持政策。

第一,依法保障家庭农场的土地经营权。在实践中,家庭农场经营的土地71.7%是来自于流转,来自租赁。因此,依法保障家庭农场的土地经营权非常重要,特别是流转土地的稳定性,包括租金水平,这直接关系家庭农场的稳定经营。对此,《指导意见》在这方面提出了具体的指导政策。

第二，加强基础设施建设。在家庭农场的政策和生产经营活动调研过程中，发现基础设施的建设对发展家庭农场至关重要。调研中发现，地方政府但凡在支持家庭农场的基础设施，包括水、电、路这方面提供了比较好的基础，农户发展家庭农场的效益提升非常明显，对于当地家庭农场的快速发展也起到了明显的促进作用。对此，《指导意见》也提出了明确措施。

第三，健全家庭农场经营者培训制度。这一条政策对农业农村部门提出了明确要求，例如，要求家庭农场经营者至少每3年轮训1次，这对于提升家庭农场经营者能力素质有非常重要的作用。

第四，完善和落实财税政策。2017年开始中央财政首次安排了专项资金支持家庭农场的发展，之后每年都不断地加大力度，同时通过中央财政的带动地方财政也在不断地加大支持力度。下一步将积极推动更多的财政支持来支持发展家庭农场。

第五，金融保险服务。实践中农户对于信贷支持、农业保险的需求也是非常强烈。特别是农业保险，对于稳定家庭农场生产经营发挥着重要的作用。

五、家庭农场的培育对象

家庭农场的发展，它是市场选择的结果。强调坚持市场导向，尊重家庭农场自身发展规律，坚持市场在推动家庭农场发展中的决定性作用，其中要加强政府的支持和指导。如何选择家庭农场规模，《指导意见》中也有明确指导，就是要根据产业特点、自身经营能力，以取得最佳规模效益为度。明确"以县（市、区）为单位，综合考虑当地的资源条件、行业特点"，就是根据当地的农林牧渔、农产品特点来引导家庭农场适度规模经营，即取得最佳的规模效益。为加强对家庭农场的服务指导，农业农村部系统建立了家庭农场名录系统，把符合条件的家庭农场，纳入名录管理，通过名录管理来支持家庭农场的发展。例如做好监测,做好预警分析,通过名录系统对家庭农场运行的分析,来发现家庭农场在发展过程中遇到的难题,然后采取相应的帮扶措施。

六、家庭农场的组织领导

一方面加强顶层设计,另一方面指导各地支持强化服务,不断地完善家庭农场的工作机制。从目前情况看,确实存在一些问题,如各地并没有普遍地建立起综合协调的工作机制,各部门之间的配合、协调还有待加强。

此次发布的《指导意见》提出了4个方面的要求:一要加强组织领导。要求地方各级政府要将促进家庭农场的发展列入重要的议事日程,要制定本地区的家庭农场培育计划,并部署实施。二要加强部门协作。县级以上地方政府要建立起促进家庭农场发展的综合协调工作机制,加强部门间的配合、协作,综合协调,形成家庭农场发展的合力。三要强化宣传引导。充分运用各种新闻媒体,加大宣传力度,特别是加大家庭农场发展有关政策的解读,宣传好发展家庭农场,对于促进现代农业发展,提高农民收入,提升农业经营效益等各方面具有重大意义。四是推进家庭农场立法。加强促进家庭农场发展的立法研究,加快家庭农场立法进程,为家庭农场发展提供法律保障。鼓励各地出台规范性文件或相关法规,推进家庭农场发展制度化和法制化。

第三节 小农户和现代农业有机衔接

党的十九大提出,实现小农户和现代农业发展有机衔接。为扶持小农户,提升小农户发展现代农业能力,加快推进农业农村现代化,夯实实施乡村振兴战略的基础,中办、国办印发了《关于促进小农户和现代农业发展有机衔接的意见》,并发出通知,要求各地区各部门结合实际认真贯彻落实。

一、重要意义

发展多种形式适度规模经营,培育新型农业经营主体,是增加农民收入、提高农业竞争力的有效途径,是建设现代农业的前进方向和必由之路。但也要看到,我国人多地少,各地农业资源禀赋条件差异很大,很多丘陵山区地块零散,不是短时间内能全面实行规模化经营,也不是所有地方都能实现集中连片规模经营。当前和今后很长一个时期,小农户家庭经营将是我国农业的主要经营方式。因此,必须正确处理好发展适度规模经营和扶持小农户的关系。既要把准发展适度规模经营是农业现代化必由之路的前进方向,发挥其在现代农业建设中的引领作用,也要认清小农户家庭经营很长一段时间内是我国农业基本经营形态的国情农情,在鼓励发展多种形式适度规模经营的同时,完善针对小农户的扶持政策,加强面向小农户的社会化服务,把小农户引入现代农业发展轨道。

(一) 巩固完善农村基本经营制度的重大举措

小农户是家庭承包经营的基本单元。以家庭承包经营为基础、统分结合的双层经营体制,是我国农村的基本经营制度,需要长期坚持并不断完善。扶持小农户,在坚持家庭经营基础性地位的同时,促进小农户之间、小农户与新型农业经营主体之间开展合作与联合,有利于激发农村基本经营制度的内在活力,是夯实现代农业经营体系的根基。

(二) 推进中国特色农业现代化的必然选择

小农户是我国农业生产的基本组织形式,对保障国家粮食安全和重要农产品有效供给具有重要作用。农业农村现代化离不开小农户的现代化。扶持小农户,引入现代生产要素改造小农户,提升农业经营集约化、标准化、绿色化水平,有利于小农户适应和容纳不同生产力水平,在农业现代化过程中不掉队。

（三）实施乡村振兴战略的客观要求

小农户是乡村发展和治理的基础，亿万农民群众是实施乡村振兴战略的主体。精耕细作的小农生产和稳定有序的乡村社会，构成了我国农村独特的生产生活方式。扶持小农户，更好发挥其在稳定农村就业、传承农耕文化、塑造乡村社会结构、保护农村生态环境等方面的重要作用，有利于发挥农业的多种功能，体现乡村的多重价值，为实施乡村振兴战略汇聚起雄厚的群众力量。

（四）巩固党的执政基础的现实需要

小农户是党的重要依靠力量和群众基础。党始终把维护农民群众根本利益、促进农民共同富裕作为出发点和落脚点。扶持小农户，提升小农户生产经营水平，拓宽小农户增收渠道，让党的农村政策的阳光雨露惠及广大小农户，有利于实现好、维护好、发展好广大农民根本利益，让广大农民群众的获得感、幸福感、安全感更加充实、更有保障、更可持续。

二、总体要求

（一）指导思想

以习近平新时代中国特色社会主义思想为指导，全面贯彻党的十九大和十九届二中、三中全会精神，坚持小农户家庭经营为基础与多种形式适度规模经营为引领相协调，坚持农业生产经营规模宜大则大、宜小则小，充分发挥小农户在乡村振兴中的作用，按照服务小农户、提高小农户、富裕小农户的要求，加快构建扶持小农户发展的政策体系，加强农业社会化服务，提高小农户生产经营能力，提升小农户组织化程度，改善小农户生产设施条件，拓宽小农户增收空间，维护小农户合法权益，促进传统小农户向现代小农户转变，让小农户共享改革发展成果，实现小农户与现代农业发展有机衔接，加快推进农业农村现代化。

（二）基本原则

1. 政府扶持、市场引导

充分发挥市场配置资源的决定性作用，更好发挥政府作用。引导小农户土地经营权有序流转，提高小农户经营效率。注重惠农政策的公平性和普惠性，防止人为垒大户，排挤小农户。

2. 统筹推进、协调发展

统筹兼顾培育新型农业经营主体和扶持小农户，发挥新型农业经营主体对小农户的带动作用，健全新型农业经营主体与小农户的利益联结机制，实现小农户家庭经营与合作经营、集体经营、企业经营等经营形式共同发展。

3. 因地制宜、分类施策

充分考虑各地资源禀赋、经济社会发展和农林牧渔产业差异，顺应小农户分化趋势，鼓励积极探索不同类型小农户发展的路径。不搞"一刀切"，不搞强迫命令，保持足够历史耐心，确保我国农业现代化进程走得稳、走得顺、走得好。

4. 尊重意愿、保护权益

保护小农户生产经营自主权，落实小农户土地承包权、宅基地使用权、集体收益分配权，激发小农户生产经营的积极性、主动性、创造性，使小农户成为发展现代农业的积极参与者和直接受益者。

三、提升小农户发展能力

（一）启动家庭农场培育计划

采取优先承租流转土地、提供贴息贷款、加强技术服务等方式，鼓励有长期稳定务农意愿的小农户稳步扩大规模，培育一批规模适度、生产集约、管理先进、效益明显的农户家庭农场。鼓励各地通过发放良技良艺良法应用补贴、支持农户家庭农场优先承担涉农建设项目等方式，引导农户家庭农场采用先进科技和生产力手段。指导农户家庭农场开展标准化生产，建立可追溯生产记录，加强记账管理，提升经营管理水平。完善名录管理、示范创建、职业培训等扶持政策，促进农户家庭农场健康发展。

（二）实施小农户能力提升工程

以提供补贴为杠杆，鼓励小农户接受新技术培训。支持各地采取农民夜校、田间学校等适合小农户的培训形式，开展种养技术、经营管理、农业面源污染治理、乡风文明、法律法规等方面的培训。新型职业农民培育工程和新型农业经营主体培育工程要将小农户作为重点培训对象，帮助小农户发展成为新型职业农民。涉农职业院校等教育培训机构要发挥专业优势，优先做好农村实用人才带头人示范培训。鼓励各地通过补贴学费等方式，引导各类社会组织向小农户提供技术培训。

（三）加强小农户科技装备应用

加快研发经济作物、养殖业、丘陵山区适用机具和设施装备，推广应用面向小农户的实用轻简型装备和技术。建立健全农业农村社会化服务体系，实施科技服务小农户行动，支持小农户运用优良品种、先进技术、物质装备等发展智慧农业、设施农业、循环农业等现代农业。引导农业科研机构、涉农高校、农业企业、科技特派员到农业生产一线建立农业试验示范基地，鼓励农业科研人员、农业技术推广人员通过下乡指导、技术培训、定向帮扶等方式，向小农户集成示范推广先进适用技术。

（四）改善小农户生产基础设施

鼓励各地通过以奖代补、先建后补等方式，支持村集体组织小农户开展农业基础设施建设和管护。支持各地重点建设小农户急需的通田到地末级灌溉渠道、通村组道路、机耕生产道路、村内道路、农业面源污染治理等设施，合理配置集中仓储、集中烘干、集中育秧等公用设施。加强农业防灾减灾救灾体系建设，提高小农户抗御灾害能力。

四、提高小农户组织化程度

(一)引导小农户开展合作与联合

支持小农户通过联户经营、联耕联种、组建合伙农场等方式联合开展生产,共同购置农机、农资,接受统耕统收、统防统治、统销统结等服务,降低生产经营成本。支持小农户在发展休闲农业、开展产品营销等过程中共享市场资源,实现互补互利。引导同一区域同一产业的小农户依法组建产业协会、联合会,共同对接市场,提升市场竞争能力。支持农村集体经济组织和合作经济组织利用土地资源、整合涉农项目资金、提供社会化服务等,引领带动小农户发展现代农业。

(二)创新合作社组织小农户机制

坚持农户成员在合作社中的主体地位,发挥农户成员在合作社中的民主管理、民主监督作用,提升合作社运行质量,让农户成员切实受益。鼓励小农户利用实物、土地经营权、林权等作价出资办社入社,盘活农户资源要素。财政补助资金形成的资产,可以量化到小农户,再作为入社或入股的股份。支持合作社根据小农户生产发展需要,加强农产品初加工、仓储物流、市场营销等关键环节建设,积极发展农户+合作社、农户+合作社+工厂或公司等模式。健全盈余分配机制,可分配盈余按照成员与合作社的交易量(交易额)比例、成员所占出资份额统筹返还,并按规定完成优先支付权益,使小农户共享合作收益。扶持农民用水合作组织多元化创新发展。支持合作社依法自愿组建联合社,提升小农户合作层次和规模。

(三)发挥龙头企业对小农户带动作用

完善农业产业化带农惠农机制,支持龙头企业通过订单收购、保底分红、二次返利、股份合作、吸纳就业、村企对接等多种形式带动小农户共同发展。鼓励龙头企业通过公司＋农户、公司＋农民合作社＋农户等方式，延长产业链、保障供应链、完善利益链，将小农户纳入现代农业产业体系。鼓励小农户以土地经营权、林权等入股龙头企业并采取特殊保护，探索实行农民负盈不负亏的分配机制。鼓励和支持发展农业产业化联合体，通过统一生产、统一营销、信息互通、技术共享、品牌共创、融资担保等方式，与小农户形成稳定利益共同体。

五、拓展小农户增收空间

（一）支持小农户发展特色优质农产品

引导小农户拓宽经营思路，依靠产品品质和特色提高自身竞争力。各地要结合特色优势农产品区域布局，紧盯市场需求，深挖当地特色优势资源潜力，引导小农户发展地方优势特色产业，形成一村一品、一乡一特、一县一业。探索建立农业产业到户机制，制订"菜单式"产业项目清单，指导小农户自主选择。支持小农户发挥精耕细作优势，引入现代经营管理理念和先进适用技术装备，发展劳动密集化程度高、技术集约化程度高、生产设施化程度高的园艺、养殖等产业，实现小规模基础上的高产出高效益。引导小农户发展高品质农业、绿色生态农业，开展标准化生产、专业化经营，推进种养循环、农牧结合，生产高附加值农产品。实施小农户发展有机农业计划。

（二）带动小农户发展新产业新业态

大力拓展农业功能，推进农业与旅游、文化、生态等产业深度融合，让小农户分享二三产业增值收益。加强技术指导、创业孵化、产权交易等公共服务，完善配套设施，提高小农户发展新产业新业态能力。支持小农户发展康养农业、创意农业、休闲农业及农产品初加工、农村电商等，延伸产业链和价值链。开展电商服务小农户专项行动。支持小农户利用自然资源、文化遗产、闲置农房等发展观光旅游、餐饮民宿、养生养老等项目,拓展增收渠道。

（三）鼓励小农户创业就业

鼓励有条件的地方构建市场准入、资金支持、金融保险、用地用电、创业培训、产业扶持等相互协同的政策体系,支持小农户结合自身优势和特长在农村创业创新。健全就业服务体系,扩大农村劳动力转移就业渠道,鼓励农村劳动力就地就近就业,支持农村劳动力进入二三产业就业。支持小农户在家庭种养基础上,通过发展特色手工和乡村旅游等,实现家庭生产的多业经营、综合创收。

六、健全面向小农户的社会化服务体系

（一）发展农业生产性服务业

大力培育适应小农户需求的多元化多层次农业生产性服务组织,促进专项服务与综合服务相互补充、协调发展,积极拓展服务领域,重点发展小农户急需的农资供应、绿色生产技术、农业废弃物资源化利用、农机作业、农产品初加工等服务领域。搭建区域农业生产性服务综合平台。创新农业技术推广服务机制,促进公益性农技推广机构与经营性服务组织融合发展,为小农户提供多形式技术指导服务。探索通过政府购买服务等方式,为小农户提供生产公益性服务。鼓励和支持农垦企业、供销合作社组织实施农业社会化服务惠农工程,发挥自身组织优势,通过多种方式服务小农户。

（二）加快推进农业生产托管服务

创新农业生产服务方式,适应不同地区不同产业小农户的农业作业环节需求,发展单环节托管、多环节托管、关键环节综

合托管和全程托管等多种托管模式。支持农村集体经济组织、供销合作社专业化服务组织、服务型农民合作社等服务主体,面向从事粮棉油糖等大宗农产品生产的小农户开展托管服务。鼓励各地因地制宜选择本地优先支持的托管作业环节,不断提升农业生产托管对小农户服务的覆盖率。加强农业生产托管的服务标准建设、服务价格指导、服务质量监测、服务合同监管,促进农业生产托管规范发展。实施小农户生产托管服务促进工程。

(三)推进面向小农户产销服务

推进农超对接、农批对接、农社对接,支持各地开展多种形式的农产品产销对接活动,拓展小农户营销渠道。实施供销、邮政服务带动小农户工程。完善农产品物流服务,支持建设面向小农户的农产品贮藏保鲜设施、田头市场、批发市场等,加快建设农产品冷链运输、物流网络体系,建立产销密切衔接、长期稳定的农产品流通渠道。打造一批竞争力较强、知名度较高的特色农业品牌和区域公用品牌,让小农户分享品牌增值收益。加大对贫困地区农产品产销对接扶持力度,扩大贫困地区特色农产品营销促销。

(四)实施互联网+小农户计划

加快农业大数据、物联网、移动互联网、人工智能等技术向小农户覆盖,提升小农户手机、互联网等应用技能,让小农户搭上信息化快车。推进信息进村入户工程,建设全国信息进村入户平台,为小农户提供便捷高效的信息服务。鼓励发展互联网云农场等模式,帮助小农户合理安排生产计划、优化配置生产要素。发展农村电子商务,鼓励小农户开展网络购销对接,促进农产品流通线上线下有机结合。深化电商扶贫频道建设,开展电商扶贫品牌推介活动,推动贫困地区农特产品与知名电商企业对接。支持培育一批面向小农户的信息综合服务企业和信息应用主体,为小农户提供定制化、专业化服务。

（五）提升小城镇服务小农户功能

实施以镇带村、以村促镇的镇村融合发展模式，将小农户生产逐步融入区域性产业链和生产网络。引导农产品加工等相关产业向小城镇、产业园区适度集中，强化规模经济效应，逐步形成带动小农户生产的现代农业产业集群。鼓励在小城镇建设返乡创业园、创业孵化基地等，为小农户创新创业提供多元化、高质量的空间载体。提升小城镇服务农资农技、农产品交易等功能，合理配置集贸市场、物流集散地、农村电商平台等设施。

七、完善小农户扶持政策

（一）稳定完善小农户土地政策

保持土地承包关系稳定并长久不变，衔接落实好第二轮土地承包到期后再延长30年的政策。建立健全农村土地承包经营权登记制度，为小农户"确实权、颁铁证"。在有条件的村组，结合高标准农田建设等，引导小农户自愿通过村组内互换并地、土地承包权退出等方式，促进土地小块并大块，引导逐步形成一户一块田。落实农村承包地所有权、承包权、经营权"三权"分置办法，保护小农户土地承包权益，及时调处流转纠纷，依法稳妥规范推进农村承包土地经营权抵押贷款业务，鼓励小农户参与土地资源配置并分享土地规模经营收益。规范土地流转交易，建立集信息发布、租赁合同网签、土地整治、项目设计等功能于一体的综合性土地流转管理服务组织。

（二）强化小农户支持政策

对新型农业经营主体的评优创先、政策扶持、项目倾斜等，要与带动小农生产挂钩，把带动小农户数量和成效作为重要依据。充分发挥财政杠杆作用，鼓励各地采取贴息、奖补、风险补偿等方式，撬动社会资本投入农业农村，带动小农户发展现代农业。对于财政支农项目投入形成的资产,鼓励具备条件的地方折股量化给小农户特别是贫困农户,让小农户享受分红收益。

(三)健全针对小农户补贴机制

稳定现有对小农生产的普惠性补贴政策,创新补贴形式,提高补贴效率。完善粮食等重要农产品生产者补贴制度。鼓励各地对小农户参与生态保护实行补偿,支持小农户参与耕地草原森林河流湖泊休养生息等,对发展绿色生态循环农业、保护农业资源环境的小农户给予合理补偿。健全小农户生产技术装备补贴机制,按规定加大对丘陵山区小型农机具购置补贴力度。鼓励各地对小农户托管土地给予费用补贴。

(四)提升金融服务小农户水平

发展农村普惠金融,健全小农户信用信息征集和评价体系,探索完善无抵押、无担保的小农户小额信用贷款政策,不断提升小农户贷款覆盖面,切实加大对小农户生产发展的信贷支持。支持农村商业银行、农村合作银行、村镇银行等农村中小金融机构立足县域,加大服务小农户力度。支持农村合作金融规范发展,扶持农村资金互助组织,通过试点稳妥开展农民合作社内部信用合作。鼓励产业链金融、互联网金融在依法合规前提下为小农户提供金融服务。鼓励发展为小农户服务的小额贷款机构,开发专门的信贷产品。加大支农再贷款支持力度,引导金融机构增加小农户信贷投放。鼓励银行业金融机构在风险可控和商业可持续的前提下扩大农业农村贷款抵押物范围,提高小农户融资能力。

(五)拓宽小农户农业保险覆盖面

建立健全农业保险保障体系,从覆盖直接物化成本逐步实现覆盖完全成本。发展与小农户生产关系密切的农作物保险、主要畜产品保险、重要"菜篮子"品种保险和森林保险,推广农房、农机具、设施农业、渔业、制种等保险品种。推进价格保险、收入保险、天气指数保险试点。鼓励地方建立特色优势农产品保险制度。鼓励发展农业互助保险。建立第三方灾害损失评估、政府监督理赔机制，确保受灾农户及时足额得到赔付。加大针对小农户农业保险保费补贴力度。

八、保障措施

（一）加强组织领导

各级党委和政府既要注重培育新型农业经营主体，又要重视发挥好小农户在农业农村现代化中的作用，把贯彻落实扶持引导小农户政策和培育新型农业经营主体政策共同作为农村基层工作的重要方面，在政策制定、工作部署、财力投放等各个方面加大工作力度，齐头并进，确保各项政策落到实处。

（二）强化统筹协调

农业农村部门要发挥牵头组织作用，各地区各有关部门要加强协作配合，完善工作机制，形成工作合力。将推进扶持小农户发展与实施乡村振兴战略、打赢脱贫攻坚战统筹安排，推动各项工作做实做细。

（三）注重宣传指导

做好政策宣传，加强调查研究，及时掌握小农户发展的新情况新问题，系统总结小农户与现代农业发展有机衔接的新经验新做法新模式，营造促进小农户健康发展的良好氛围。

第四节　新型农业经营主体和服务主体高质量发展

2020年，农业农村部印发了《新型农业经营主体和服务主体高质量发展规划（2020—2022年）》（以下简称《规划》），对家庭农场、农民合作社、农业社会化服务组织等新型农业经营主体和服务主体的高质量发展作出了具体规划，提出了五大支持政策和四大保障措施。《规划》的实施，必然会促进新型农业经营主体和服务主体的进一步发展，推动农业现代化水平的提高。

一、发展目标

到 2022 年，家庭农场、农民合作社、农业社会化服务组织等各类新型农业经营主体和服务主体蓬勃发展，现代农业经营体系初步构建，各类主体质量、效益进一步提升，竞争能力进一步增强。具体实现以下目标。

家庭农场。到 2022 年，支持家庭农场发展的政策体系和管理制度进一步完善，家庭农场数量稳步增加，各级示范家庭农场达到 10 万家，生产经营能力和带动能力得到巩固提升。

农民合作社。到 2022 年，农民合作社质量提升整县推进基本实现全覆盖，示范社创建取得重要进展，农民合作社规范运行水平大幅提高，服务能力和带动效应显著增强。

农业社会化服务组织。到 2022 年，服务市场化、专业化、信息化水平显著提升，服务链条进一步延伸，基本形成服务结构合理、专业水平较高、服务能力较强、服务行为规范、覆盖全产业链的农业生产性服务体系。

新型农业经营主体和服务主体经营者。到 2022 年，高素质农民培训普遍开展，线上线下培训融合发展，大力开展新型农业经营主体带头人培训。新型农业经营主体和服务主体经营者培育工作覆盖所有的农业县（市、区），培育体系健全完善，培育机制灵活有效，培育条件大幅改善，新型农业经营主体和服务主体经营者队伍总体文化素质、技能水平和经营能力显著提升。

新型农业经营主体和服务主体培育发展主要指标，如表 3-1 所示。

表3-1 新型农业经营主体和服务主体培育发展主要指标

类型	指标名称	单位	2018年基期值	2022年指标值	指标属性
家庭农场	全国家庭农场数量	万家	60	100	预期性
	各级示范家庭农场数量	万家	8.3	10	预期性
农民合作社	农民合作社质量提升整县推进覆盖率	%	1	>80	预期性
农业社会化服务组织	农林牧渔服务业产值占农业总产值比重	%	5.2	>5.5	预期性
	农业生产托管服务面积	亿亩次	13.84	18	预期性
	覆盖小农户数量	万户	4 100	8 000	预期性
新型农业经营主体和服务主体经营者	新型农业经营主体和服务主体经营者参训率	%	≈4.5	>5	预期性

指标解释：

1. 全国家庭农场数量：指按照《关于实施家庭农场培育计划的指导意见》要求，符合当地农业农村部门提出的家庭农场名录管理要求，纳入当地农业农村部门家庭农场名录的家庭农场数量。

2. 各级示范家庭农场数量：指根据县级及以上农业农村部门出台的有关办法，审查评定为示范家庭农场的数量。

3. 农民合作社质量提升整县推进覆盖率：指开展农民合作社质量提升整县推进试点县（市、区）数量占全国县（市、区）总数的比例。

4. 农林牧渔服务业产值占农业总产值比重：指农林牧渔服务业产值占农业总产值比重。

5. 农业生产托管服务面积：指农业生产托管服务小农户的耕地面积。

6. 覆盖小农户数量：指农业生产托管服务小农户和新型经营主体的数量。

7. 新型农业经营主体和服务主体经营者参训率：指县级及以上农业农村部门指导的新型农业经营主体和服务主体中的家庭农场经营者、理事长、经理、财务负责人等接受培训的比例。

二、具体规划

（一）加快培育发展家庭农场

1. 完善家庭农场名录管理制度

以县（市、区）为重点抓紧建立健全家庭农场名录管理制度，完善纳入名录的条件和程序，引导广大农民和各类人才创办家庭农场，同时把符合家庭农场条件的种养大户和专业大户、已在市场监管部门登记的家庭农场纳入名录管理，建立完整的家庭农场名录，实行动态管理，确保质量。健全家庭农场名录系统，及时把名录管理的家庭农场纳入系统，实现随时填报、动态更新和精准服务。

2. 加大家庭农场示范创建力度

根据本地区劳动力状况、生产力水平、农业区域特色、家庭农场经营类别，依据经营管理能力、物质装备条件、适度经营规模、生产经营效益等因素，合理确定示范家庭农场评定标准和程序，加大示范家庭农场创建力度，加强示范引导，探索系统推进家庭农场发展的政策体系和工作机制。组织开展家庭农场典型案例征集活动，宣传推介一批家庭农场典型案例，树立一批可看可学的家庭农场发展标杆和榜样。

3. 强化家庭农场指导服务扶持

积极协调在节本增效、绿色生态、改善设施、提高能力等方面探索一套符合家庭农场特点的支持政策，重点推动建立针对家庭农场的财政补助、信贷支持、保险保障等政策。通过支持家庭农场优先承担涉农项目等方式，引导家庭农场采用先进科技和生产手段，开展标准化生产。加强家庭农场统计和监测。强化家庭农场示范培训，提高家庭农场经营管理水平和示范带动能力。鼓励各地设计和推广使用家庭农场财务收支记录簿。积极引导家庭农场开展联合与合作。

4.鼓励组建家庭农场协会或联盟

积极开展区域性家庭农场协会或联盟创建，根据种养品种等行业特点和不同行业、区域的需求，有序组建一批带动能力突出、示范效应明显的家庭农场协会或联盟，逐步构建家庭农场协会或联盟体系。

（二）促进农民合作社规范提升

1.提升农民合作社规范化水平

指导农民合作社制定符合自身特点的章程，加强档案管理，实行社务公开。依法建立健全成员（代表）大会、理事会、监事会等组织机构。执行财务会计制度，设置会计账簿，建立会计档案，规范会计核算，公开财务报告。依法建立成员账户，加强内部审计监督。按照法律和章程制定盈余分配方案，可分配盈余主要按照成员与农民合作社的交易量（额）比例返还。

2.增强农民合作社服务带动能力

鼓励农民合作社利用当地资源禀赋，带动成员开展连片种植、规模饲养，壮大优势特色产业，培育农业品牌。鼓励农民合作社加强农产品初加工、仓储物流、技术指导、市场营销等关键环节能力建设。鼓励农民合作社延伸产业链条，拓宽服务领域。鼓励农民合作社建设运营农业废弃物、农村厕所粪污、生活垃圾处理和资源化利用设施，参与农村公共基础设施建设和运行管护，参与乡村文化建设。

3.促进农民合作社联合与合作

鼓励同业或产业密切关联的农民合作社在自愿前提下，通过兼并、合并等方式进行组织重构和资源整合，壮大一批竞争力强的单体农民合作社。支持农民合作社依法自愿组建联合社，扩大合作规模，提升合作层次，增强市场竞争力和抗风险能力。

4.加强试点示范引领

深入开展农民合作社质量提升整县推进试点，发展壮大单体农民合作社、培育发展农民合作社联合社、提升县域指导扶持服务水平。持续开展示范社评定,建立示范社名录,推进国家、省、市、县级示范社四级联创。认真总结各地整县推进农民合作社质量提升和示范社创建的经验做法,推介一批制度健全、运行规范的农民合作社典型案例。

(三)推动农业社会化服务组织多元融合发展

1. 加快培育农业社会化服务组织

按照主体多元、形式多样、服务专业、竞争充分的原则,加快培育各类服务组织,充分发挥不同服务主体各自的优势和功能。支持农村集体经济组织通过发展农业生产性服务,发挥其统一经营功能;鼓励农民合作社向成员提供各类生产经营服务,发挥其服务成员、引领农民对接市场的纽带作用;引导龙头企业通过基地建设和订单方式为农户提供全程服务,发挥其服务带动作用;支持各类专业服务公司发展,发挥其服务模式成熟、服务机制灵活、服务水平较高的优势。

2. 推动服务组织联合融合发展

鼓励各类服务组织加强联合合作,推动服务链条横向拓展、纵向延伸,促进各主体多元互动、功能互补、融合发展。引导各类服务主体围绕同一产业或同一产品的生产,以资金、技术、服务等要素为纽带,积极发展服务联合体、服务联盟等新型组织形式,打造一体化的服务组织体系。支持各类服务主体与新型农业经营主体开展多种形式的合作与联合,建立紧密的利益联结和分享机制,壮大农村一二三产业融合主体。引导各类服务主体积极与高等学校、职业院校、科研院所开展科研和人才合作,鼓励银行、保险、邮政等机构与服务主体深度合作。

3. 加快推进农业生产托管服务

适应不同地区、不同产业农户和新型农业经营主体的农业作业环节需求,发展单环节托管、多环节托管、关键环节综合托管和全程托管等多种托管模式。支持专业服务公司、供销合作社专业化服务组织、服务型农民合作社、农村集体经济组织等服务主体,重点面向从事粮棉油糖等大宗农产品生产的小农户以及新型农业经营主体开展托管服务,促进服务主体服务能力和条件提升。鼓励各地因地制宜选择本地优先支持的托管作业环节,按照相关作业环节市场价格的一定比例给予服务补助,通过价格手段推动财政资金效用传递到服务对象,不断提升农业生产托管对小农户服务的覆盖率。

4. 推动社会化服务规范发展

加强农业生产性服务行业管理,切实保护小农户利益。加快推进服务标准建设,鼓励有关部门、单位和服务组织、行业协会、标准协会研究制定符合当地实际的服务标准和服务规范。加强服务组织动态监测,支持地方探索建立社会化服务组织名录库,推动服务组织信用记录纳入全国信用信息共享平台。建立服务主体信用评价机制和托管服务主体名录管理制度,对于纳入名录管理、服务能力强、服务效果好的组织,予以重点扶持。加强服务价格指导,坚持服务价格由市场确定原则,引导服务组织合理确定各作业服务环节价格。加强服务合同监管,加强合同签订指导与管理,积极发挥合同监管在规范服务行为、确保服务质量等方面的重要作用。加快制定标准格式合同,规范服务行为,确保服务质量,保障农户利益。

(四)全面提升新型农业经营主体和服务主体经营者素质

1. 广泛开展培训

加大新型农业经营主体和服务主体经营者培训力度,坚持面向产业、融入产业、服务产业,着力建机制、定规范、抓考核,强化农民教育培训体系,实施好新型农业经营主体带头人、返乡入乡创新创业者等分类培育计划,加强统筹指导各地各部门培训计划,大力开展家庭农场经营者轮训,分期分批开展农民合作社骨干培训,加大农业社会化服务组织负责人培训力度。积极探索高素质农民培育衔接学历提升教育。鼓励各地通过补贴学费等方式,支持涉农职业院校等教育培训机构和各类社会组织,依托新型农业经营主体和服务主体建设实习实训基地,做好农村各类高素质人才示范培训与轮训。支持各类教育培训机构加强高水平"双师型"教师队伍建设,充实教学设施设备,改善办学条件,完善信息化教学手段,加强基地建设,支持各地重点建设产教融合实训基地、创业孵化基地和农民田间学校等。

2. 大力发展农业职业教育

加快改革农科专业体系、课程体系、教材体系,科学设计教学模式、考试评价模式,推动农业职业教育更好服务产业发展,科学布局中等职业教育、高等职业教育、应用型本科和高端技能型专业学位研究生等人才培养的规格、梯次和结构。以打通和拓宽各级各类技术技能人才的成长空间和发展通道为重点,构建体现终身教育理念、满足农民群众接受教育的需求、满足"三农"发展对技术技能人才需求的现代农业职业教育体系。

3. 着力提升科学素质

加强农村科普,健全和完善县乡科学技术推广普及网络,大力推动农村科普出版物发行,增加农民买得起、读得懂、用得上的通俗读物的品种和数量。积极探索利用各类新媒体传播渠道,通过动画、短视频等农民喜闻乐见的形式,广泛宣传农业生产应用技能和成功经验。加强农村科普活动场所和科普阵地建设,在农村建设一批较高水平的科普教育基地和科普实验基地。加强农技推广和公共服务人才队伍建设,支持农技人员在职研修,优化知识结构,增强专业技能,引导鼓励农科毕业生到基层开展农技推广服务。

三、政策和措施

(一)完善支持政策

1. 加强财政投入

各级农业农村部门要积极争取将新型农业经营主体和服务主体纳入财政优先支持范畴,加大投入力度。统筹整合资金,综合采用政府购买服务、以奖代补、先建后补等方式，加大对新型农业经营主体和服务主体的支持力度，推动由新型农业经营主体和服务主体作为各级财政支持的各类小型项目建设管护主体。鼓励有条件的新型农业经营主体和服务主体参与实施高标准农田建设、农技推广、现代农业产业园等涉农项目。农机购置补贴等政策加大对新型农业经营主体和服务主体的支持力度。积极争取新型农业经营主体和服务主体有关税收优惠政策。

2. 创新金融保险服务

鼓励各金融机构结合职能定位和业务范围，对新型农业经营主体和服务主体提供资金支持。鼓励地方搭建投融资担保平台，引导和动员各类社会力量参与新型农业经营主体和服务主体培育工作。推动农业信贷担保体系创新开发针对新型农业经营主体和服务主体的担保产品，加大担保服务力度，着力解决融资难、融资贵问题。鼓励发展新型农村合作金融，稳步开展农民合作社内部信用合作试点。推动建立健全农业保险体系，探索从覆盖直接物化成本逐步实现覆盖完全成本。推动开展中央财政对地方优势特色农产品保险奖补试点。鼓励地方建立针对新型农业经营主体和服务主体的特色优势农产品保险制度，发展农业互助保险。鼓励各地探索开展产量保险、气象指数保险、农产品价格和收入保险等保险责任广、保障水平高的农业保险品种，满足新型农业经营主体和服务主体多层次、多样化风险保障需求。

3. 推动用地政策落实

积极推动落实设施农业用地政策，保障新型农业经营主体和服务主体合理用地需求。在国土空间规划批准实施前，须在符合土地利用总体规划的前提下，推动各地通过调整优化村庄用地布局、有效利用存量建设用地等支持新型农业经营主体和服务主体发展。

4. 强化人才支撑

鼓励返乡下乡人员领办创办新型农业经营主体和服务主体，鼓励支持各类人才到新型农业经营主体和服务主体工作。鼓励各地通过政府购买服务方式，委托专业机构或专业人才为新型农业经营主体和服务主体提供政策咨询、生产控制、财务管理、技术指导、信息统计等服务。推动普通高校和涉农职业院校设立相关专业或专门课程，为新型农业经营主体和服务主体培养专业人才。鼓励各地开展新型农业经营主体和服务主体国际交流合作。

5. 提升数字技术应用水平

按照实施数字乡村战略和数字农业农村发展规划的总体部署，以数字技术与农业农村经济深度融合为主攻方向，加快农业农村生产经营、管理服务数字化改造，全面提升农业农村生产智能化、经营网络化、管理高效化、服务便捷化水平，用数字化驱动新型农业经营主体和服务主体高质量发展。鼓励各地利用新型农业经营主体信息直报系统，推进相关涉农信息数据整合和共享，运用互联网和大数据信息技术，为新型农业经营主体和服务主体有效对接信贷、保险等提供服务。鼓励返乡入乡人员利用数字技术创新创业。

(二) 强化保障措施

1. 落实部门责任，加强组织领导

各级农业农村部门要站在农业农村发展全局的高度，加强组织领导，强化部门配合，统筹指导、协调、推动新型农业经营主体和服务主体的建设和发展。要强化指导服务，深入调查研究，加强形势分析，组织动员社会力量支持新型农业经营主体和服务主体发展，及时解决各类主体发展面临的困难和问题。

2. 加强农经体系队伍，强化工作力量

鼓励各地采取安排专兼职人员、招收大学生村官、建立辅导员制度等多种途径，充实基层经营管理工作力量，保障必要工作条件，确保支持新型农业经营主体和服务主体发展的各项工作抓细抓实。要加强培训和继续教育，努力打造一支学习型、创新型农村经营管理干部队伍。要加强县级对乡镇农村经营管理工作的指导、督促和检查，明确目标任务，提高工作绩效。

3. 强化监督管理,确保发展成效

将带动小农户数量和与小农户利益联结程度,作为支持新型农业经营主体和服务主体的重要依据,更好促进小农户和现代农业发展有机衔接。将培育新型农业经营主体和服务主体政策落实情况纳入农业农村部门工作绩效考核,建立科学的绩效评估监督机制。进一步建立健全新型农业经营主体和服务主体统计调查、监测分析等制度。

4. 加大宣传力度,营造良好氛围

动员各方力量,加快营造农民主体、政府引导、社会参与的推动发展格局。创新宣传形式,充分发挥新兴媒体和传统媒体作用,广泛宣传各地好经验、好做法,重点宣传一批可学可看可复制的典型案例,充分调动社会各界支持新型农业经营主体和服务主体发展的积极性。

第四章　完善强农惠农富农政策，促进农民持续增收

第一节　重点强农惠农政策

近年来，每年国家都会下发本年度的强农惠农政策，而"三农"资金也会加大在这些方面的投入。2021年7月2日，财政部联合农业农村部发布了2021年重点强农惠农政策，具体包括以下方面。

一、粮食生产发展

1. 农机购置补贴

各地在中央财政农机购置补贴机具种类范围内选取确定本省补贴机具品目，实行补贴范围内机具应补尽补。将粮食生产薄弱环节、丘陵山区特色农业生产急需的机具以及高端、复式、智能农机产品的补贴额测算比例提高至35%。将育秧、烘干、标准化猪舍、畜禽粪污资源化利用等成套设施装备纳入农机新产品补贴试点范围。全面推行限时办理，将补贴申请受理与核验、补贴资金兑付的工作时限分别压缩至15个工作日以内。

2. 重点作物绿色高质高效行动

集成组装推广区域性、标准化高产高效技术模式，在更大规模、更高层次上提升优良食味稻米、优质专用小麦、高油高蛋白大豆、双低双高油菜等粮棉油糖果菜茶生产能力，同时因地制宜推广测墒节灌、水肥一体化、集雨补灌、蓄水保墒等旱作节水农

业技术，示范带动大面积区域性均衡发展，促进粮食等农作物稳产高产、节本增效和提质增效。

3. 农业生产社会化服务

支持符合条件的农村集体经济组织、农民合作社、农业服务专业户和服务类企业面向小农户开展社会化服务，重点满足小农户在粮棉油糖等重要农产品生产中关键和薄弱环节的专业化服务需求。加大对南方早稻主产省、丘陵地区发展统防统治、代耕代种代收等粮食生产社会化服务的支持力度。采取以奖代补、作业补贴等多种方式，推进集中连片开展农业生产社会化服务。

4. 基层农技推广

以国家现代农业科技示范展示基地和区域示范基地等为平台，示范推广重大引领性技术和农业主推技术。实施重大技术协同推广任务，熟化一批先进技术，组建技术团队开展试验示范和观摩活动，加快产学研推多方协作的技术集成创新推广。继续实施农技推广特聘计划，通过政府购买服务等方式，从乡土专家、新型农业经营主体、种养能手中招募特聘农技员。

5. 玉米大豆生产者补贴、稻谷补贴和产粮大县奖励

为保障国家粮食安全，国家继续实施玉米和大豆生产者补贴、稻谷补贴和产粮大县奖励等政策，巩固农业供给侧结构性改革成效。

6. 实际种粮农民一次性补贴

为保障农民种粮有合理收益，保护好农民种粮积极性，2021年中央财政对实际种粮农民发放一次性补贴，释放支持粮食生产积极信号，稳定农民收入，补贴资金向粮食主产区倾斜。

二、耕地保护与质量提升

1. 耕地地力保护补贴

补贴对象原则上为拥有耕地承包权的种地农民，补贴资金通过"一卡（折）通"等形式直接兑现到户，严禁任何方式统筹集中使用，严防"跑冒滴漏"，确保补贴资金不折不扣发放到农民

第四章 完善强农惠农富农政策，促进农民持续增收

手中。按照《财政部办公厅 农业农村部办公厅关于进一步做好耕地地力保护补贴工作的通知》（财办农〔2021〕11号）要求，探索耕地地力保护补贴发放与耕地地力保护行为相挂钩的有效机制，加大耕地使用情况的核实力度，做到享受补贴农民的耕地不撂荒、地力不下降，切实推动落实"藏粮于地"战略部署，遏制耕地"非农化"。

2. 高标准农田建设

按照"统一规划布局、统一建设标准、统一组织实施、统一验收考核、统一上图入库"5个统一的要求，2021年在全国建设高标准农田1亿亩，并向粮食生产功能区、重要农产品生产保护区倾斜。在建设内容上，按照《高标准农田建设通则》，以土地平整、土壤改良、农田水利、机耕道路、农田输配电设备等为重点，推进耕地"宜机化"改造，加强农业基础设施建设，提高农业综合生产能力。

3. 东北黑土地保护

聚焦黑土地保护重点县，集中连片加强黑土地保护，强化培育肥沃耕层，旱地集中连片推进秸秆深翻还田、碎混还田等技术，水田推行秸秆秋翻压春搅浆还田等技术，增加耕地土壤有机质、打破压实层，开展综合提质培肥。继续稳步实施东北黑土地保护性耕作行动计划，支持在适宜区域推广应用秸秆覆盖免（少）耕播种等关键技术，有效减轻风蚀水蚀、增加土壤有机质、增强保墒抗旱能力、提高农业生态效益和经济效益。

4. 耕地质量保护与提升

在重点作物绿色高质高效行动县协同开展化肥减量增效示范，引导企业和社会化服务组织开展科学施肥技术服务，支持农户和新型农业经营主体应用化肥减量增效新技术新产品；继续支持做好耕地质量等级调查评价与监测、取土化验、田间肥效试验等测土配方施肥基础性工作。在耕地酸化、盐碱化较严重区域，集成推广施用土壤调理剂、绿肥还田、耕作压盐、增施有机肥等措施，开展退化耕地治理。在西南、华南等地区，因地制宜采取

品种替代、水肥调控、农业废弃物回收利用等环境友好型农业生产技术，加强生产障碍耕地治理。

5. 耕地轮作休耕

立足资源禀赋、突出生态保护、实行综合治理，进一步探索科学有效轮作模式，重点在东北地区推行大豆薯类—玉米、杂粮杂豆春小麦—玉米等轮作，在黄淮海地区推行玉米—大豆或花生—玉米等轮作，在长江流域推行稻油、稻稻油等轮作。继续在河北地下水漏斗区、黑龙江三江平原井灌稻地下水超采区、新疆塔里木河流域地下水超采区实施休耕试点。

6. 农机深松整地

以提高土壤蓄水保墒能力为目标，支持适宜地区开展农机深松整地作业，促进耕地质量改善和农业可持续发展。深松整地作业一般要求达到25厘米以上。每亩作业补助原则上不超过30元，具体补助标准和作业周期由各地因地制宜确定。

三、种业创新发展

1. 种质资源保护

支持加快推进第三次全国农作物种质资源普查收集，启动实施第三次全国畜禽遗传资源普查，强化种质资源安全保存和精准鉴定。支持符合条件的国家级畜禽遗传资源保种场、保护区和基因库开展畜禽遗传资源保护，支持符合条件的国家畜禽核心育种场、种公畜站、奶牛生产性能测定中心等开展种畜禽生产性能测定。

2. 畜牧良种推广

在主要草原牧区省份对项目区内符合条件的养殖户进行适当补助，支持牧区畜牧良种推广。在生猪大县实施生猪良种补贴，加快生猪品种改良。在黑龙江等10个蜂业主产省，实施蜂业质量提升行动，支持开展蜜蜂遗传资源保护利用、良种繁育推广、现代化养殖加工技术及设施推广应用、蜂产品质量管控体系建设，推动蜂业全产业链质量提升。

3. 制种大县奖励

2021年，在现有国家级制种大县范围内，聚焦稻谷、小麦、玉米、大豆、油菜等重点粮油品种，聚焦种子生产、加工短板弱项，创新基地建设和发展模式，推动优势基地和龙头企业合作共建，强化新技术、新工艺、新装备应用，促进种业转型升级，实现高质量发展。

四、畜牧业健康发展

1. 推进奶业振兴

支持苜蓿种植、收获、运输、加工和储存等，增强苜蓿等优质饲草料供给能力，降低奶牛饲养成本，提高生鲜乳质量安全水平。支持家庭牧场、奶业合作社提升生产能力和质量水平。

2. 实施粮改饲

以北方农牧交错带为重点，支持牛羊养殖场（户）和饲草专业化服务组织收储青贮玉米、苜蓿、燕麦草等优质饲草，通过以养带种的方式加快推动种植结构调整和现代饲草产业发展。

3. 实施肉牛肉羊增量提质行动

在北方农牧交错带和南方牛（羊）产业基础相对较好的养殖大县，支持开展基础母牛扩群提质和种草养牛养羊全产业链发展，引导增加基础母牛存栏，建立牛羊生产草畜配套、种养结合发展机制，提高牛羊肉产品供给能力。

4. 生猪（牛羊）调出大县奖励

包括生猪调出大县奖励、牛羊调出大县奖励和省级统筹奖励资金。生猪调出大县奖励资金和牛羊调出大县奖励资金由县级人民政府统筹安排用于支持本县生猪（牛羊）生产流通和产业发展，省级统筹奖励资金由省级人民政府统筹安排用于支持本省（自治区、直辖市）生猪（牛羊）生产流通和产业发展。

五、农业全产业链提升

1. 农业产业融合发展

统筹中央财政产业融合发展政策任务资金,引导各地聚焦主导产业,优化产业布局,整体衔接推进,新创建50个国家现代农业产业园、50个优势特色产业集群、298个农业产业强镇,推动乡村产业形态更高级、布局更优化、结构更合理。引导各省立足优势和资源禀赋,瞄准农业全产业链开发,明确发展主导产业和优先顺序,构建以产业强镇为基础、产业园为引擎、产业集群为骨干,省县乡梯次布局、点线面协同推进的现代乡村产业体系,加快推动品种培优、品质提升、品牌培育和标准化生产,整体提升产业发展质量效益和竞争力。中央财政分年分类对批准创建的国家现代农业产业园、优势特色产业集群、农业产业强镇给予奖补支持。鼓励创新资金使用方式,采取直接补助、政府购买服务、先建后补、以奖代补等方式,引导和撬动金融和社会资本参与建设,促进市场投资主体和农民合理分享增值收益,提高产业发展的内在活力和竞争力。择优支持创建一批粮食、种业、肉牛产业园和产业集群。

2. 农产品产地冷藏保鲜设施建设

坚持"农有、农用、农享"的原则,围绕鲜活农产品,聚焦新型主体,相对集中布局,标准规范引领,农民自愿自建,政府以奖代补,助力降损增效,推动产地冷藏保鲜能力、商品化处理能力和服务带动能力显著提升。采取"先建后补、以奖代补"方式,支持在全国范围内推进农产品产地冷藏保鲜设施建设,并择优选择100个县开展农产品产地冷藏保鲜整县推进试点。支持对象为县级以上示范家庭农场和农民合作社示范社(832个脱贫县可不受示范等级限制),以及已登记的村集体经济组织。试点县可因地制宜鼓励农业龙头企业、农业产业化联合体,以及可有效实现联农带农、"农超对接"的相关市场主体,积极参与农产品产地冷藏保鲜设施建设。补助采取"双限",补贴比例上限不超过冷藏保鲜设施建设总造价的30%（832个脱贫县放宽至40%），单个主体补助原则上不超过100万元，具体定额补贴标准由地方制定。对农民合作社获得的财政直接补助形成的资产要量化到全体成员并记载在成员账户中；对农村集体经济组织获得的财政直接补助形成的资产要量化为集体成员持有的股份。

3.农产品地理标志保护工程

围绕产品特色化、身份标识化和全程数字化，加强地理标志农产品特色种质保存和特色品质保持，推动全产业链标准化全程质量控制，提升核心保护区生产及加工储运能力。挖掘农耕文化，推动绿色有机认证，加强宣传推介，培育区域特色品牌。利用现代信息技术，强化标志管理和产品追溯。

六、新型经营主体培育

1.高素质农民培育

重点面向从事适度规模经营的农民，实施新型农业经营服务主体能力提升、种养加能手技能、返乡下乡者创业、乡村治理及社会事业发展带头人和农村实用人才带头人示范等培训，加快培养懂技术、善经营、会管理的高素质农民。鼓励有经验、有条件的农业企业、家庭农场和农民合作社参与实习实训等培训工作。

2.新型农业经营主体高质量发展

支持县级以上农民合作社示范社（联合社）和示范家庭农场改善生产条件，应用先进技术，提升规模化、绿色化、标准化、集约化生产能力，建设清选包装、烘干等产地初加工设施，提高产品质量水平和市场竞争力。鼓励各地为农民合作社和家庭农场提供财务管理、技术指导等服务。鼓励有条件的地方依托龙头企业，带动农民合作社和家庭农场，形成农业产业化联合体。

3.农业信贷担保服务

重点服务家庭农场、农民合作社、农业社会化服务组织、小微农业企业等农业适度规模经营主体。服务范围限定为农业生产及与其直接相关的产业融合项目，突出对粮食等重要农产品生产的支持。中央财政对政策性农担业务实行担保费用补助和业务奖补,支持省级农担公司降低担保费用和应对代偿风险,确保政策性农担业务贷款主体实际负担的担保费率不超过0.8%。

七、农业资源保护利用

1. 草原生态保护补助奖励

在河北、山西、内蒙古、辽宁、吉林、黑龙江、四川、云南、西藏、甘肃、青海、宁夏、新疆13省(自治区)以及新疆生产建设兵团和北大荒农垦集团有限公司实施草原生态保护补助奖励政策,补奖资金用于支持实施草原禁牧、推动草畜平衡,有条件的地方可用于推动生产转型,提高草原畜牧业现代化水平。

2. 渔业发展补助

聚焦渔业资源养护、纳入国家规划的重点项目以及促进渔业安全生产等方面,重点支持建设国家级海洋牧场、现代渔业装备设施,以及国家级渔港经济区公益性基础设施更新改造和整治维护,开展集中连片内陆养殖池塘标准化改造和尾水治理,实施渔业资源调查养护和国际履约能力提升奖补等。支持实施渔业资源养护,继续在流域性大江大湖、界江界河、资源退化严重海域等重点水域开展渔业增殖放流,促进恢复或增加渔业种群的数量,改善和优化水域的渔业种群结构。

3. 长江流域重点水域禁捕退捕

开展长江禁捕退捕财政补助资金监督检查,推动资金落实到位、安全规范有效使用。强化长江禁捕退捕资金落实情况定期调度,督促指导地方做好资金保障等相关工作,巩固长江禁捕退捕取得成果。

4. 绿色种养循环农业试点

在畜牧养殖大省、粮食和蔬菜主产区、生态保护重点区域,选择基础条件好、地方政府积极性高的县(市、区),整县开展粪肥就地消纳、就近还田补奖试点,扶持一批企业(畜禽养殖企业除外)和社会化服务组织提供粪肥收集、处理、施用服务,以县为单位构建粪肥还田组织运行模式，带动县域内粪污基本还田，推动化肥减量，促进耕地质量提升和农业绿色发展。

5. 农作物秸秆综合利用试点

在全国范围内整县推进，坚持农用优先、多元利用，培育一批产业化利用主体，打造一批全量利用样板县。激发秸秆还田、离田、加工利用等各环节市场主体活力，探索可推广、可持续的秸秆综合利用技术路线、模式和机制。

6. 地膜回收利用

在内蒙古、甘肃和新疆支持100个县整县推进废旧地膜回收利用，鼓励其他地区自主开展探索。支持建立健全废旧地膜回收加工体系，建立经营主体上交、专业化组织回收、加工企业回收、以旧换新等多种方式的回收利用机制，并探索"谁生产、谁回收"的地膜生产者责任延伸制度。支持有条件地区集中开展适宜作物全生物可降解地膜替代和新疆棉区机械化回收农膜。

八、农业防灾减灾

1. 农业生产救灾

中央财政对各地农业重大自然灾害及农业生物灾害的预防控制和灾后恢复生产工作给予适当补助。支持范围包括农业重大自然灾害预防及农业生物灾害防控所需的物资材料补助，恢复农业生产措施所需的物资材料补助，牧区抗灾保畜所需的储草棚（库）、牲畜暖棚和应急调运饲草料补助等。

2. 动物疫病防控

中央财政对动物疫病强制免疫、强制扑杀和养殖环节无害化处理工作给予补助。强制免疫补助经费主要用于开展口蹄疫、高致病性禽流感、小反刍兽疫、布病、包虫病等动物强制免疫疫苗（驱虫药物）采购、储存、注射（投喂）以及免疫效果监测评价、人员防护等相关防控工作，以及对实施和购买动物防疫服务等予以补助；大力推进强制免疫"先打后补"。国家在预防、控制和扑灭动物疫病过程中，对被强制扑杀动物的所有者给予补助，补助经费由中央财政和地方财政共同承担。国家对养殖环节病死猪无害化处理予以支持,由各地根据有关要求,结合当地实际,完善无害化处理补助政策,切实做好养殖环节无害化处理工作。

3.农业保险保费补贴

在地方财政自主开展、自愿承担一定补贴比例基础上,中央财政对稻谷、小麦、玉米、棉花、马铃薯、油料作物、糖料作物、能繁母猪、奶牛、育肥猪、森林、青稞、牦牛、藏系羊和天然橡胶,以及稻谷、小麦、玉米制种保险给予保费补贴支持。扩大三大粮食作物完全成本保险和种植收入保险实施范围。继续开展中央财政对地方优势特色农产品保险奖补试点。

九、农村人居环境整治

因地制宜推进农村改厕。支持实施农村厕所革命整村推进财政奖补政策,分类有序推进农村厕所革命。充分发挥农民群众主体作用,加强农村改厕和农村生活污水治理统筹衔接,着力建立健全运行管护机制,切实提高农村改厕质量,务求长效管用。

第二节 农机购置补贴

2021年,农业农村部办公厅、财政部办公厅印发了《2021—2023年农机购置补贴实施指导意见》(以下简称《意见》),对新一轮农机购置补贴政策实施工作作出了全面部署。

一、农机购置补贴政策取得的成效

农机购置补贴是党中央、国务院出台的一项重要的强农惠农富农政策,是《中华人民共和国农业机械化促进法》明确规定的重要扶持措施。2004年政策出台以来,支持强度逐渐加大,惠及范围不断扩大,政策效果持续显现。截至2020年底,中央财政累计投入2 392亿元,扶持3 800多万农民和农业生产经营组织购置各类农机具4 800多万台(套)。党的十八大以来,中央财政农机购置补贴资金大幅增加,累计投入1 863亿元,年均超过200亿元,扶持2 459万农民和农业生产经营组织购置各类农机具3 157万台(套)。

农机购置补贴政策的实施,支持推动了我国农机装备水平和农业机械化水平的大幅度提升,为增强农业综合生产能力、保障国家粮食安全、增加农民收入提供了强有力的支撑。

一是推动了农业机械化快速发展。农机装备总量持续增长,农机化水平快速提高。2020年,全国农机总动力10.3亿千瓦,农机保有量2.04亿台(套),分别较2003年增长72%和63%。全国农作物耕种收综合机械化率71%,较2003年提高39个百分点,小麦、水稻、玉米等主要农作物耕种收综合机械化率均已超过80%;畜牧养殖、水产养殖、设施农业、农产品初加工机械化率分别达到36%、31%、40%和39%,均较2003年大幅提升。

二是促进了农机工业发展壮大。2020年,全国规模以上农机企业1 615家,实现主营业务收入2 533亿元,分别较2003年增长10%和236%。适应我国农业生产的农机工业体系逐步完善,我国已成为世界农机制造和使用大国。

三是加快了农业生产性服务业发展。2020年,全国农机服务组织19.46万个,其中农机合作社7.89万个,占比超过40%;农机户4 008万个,其中农机作业服务专业户423.2万个;农机作业服务收入达到3 540亿元,较2003年增长80%,农机社会化服务成为农业生产性服务业的主力军、排头兵。跨区作业、生产托管等服务不断扩大,农机作业规模化、专业化程度越来越高,支撑了其他农业经营组织的发展,在推进小农户与现代农业发展有机衔接中发挥了重要桥梁作用。

二、新一轮农机购置补贴政策实施框架

2021—2023年农机购置补贴政策实施工作在保持上一轮政策实施框架总体稳定的基础上,以习近平新时代中国特色社会主义思想为指导,深入全面贯彻落实新时期党中央、国务院关于"三

农"工作的有关决策部署，以稳定实施政策、最大限度发挥政策效益为主线，突出问题导向、目标导向、结果导向，稳重点、扩范围、优服务、强监管、提效能，着力提升政策实施的精准化、规范化、便利化水平，支持引导农民购置使用先进适用的农业机械，引领推动农业机械化向全程全面高质高效转型升级，加快提升农业机械化产业链现代化水平，为确保粮食等重要农产品有效供给、巩固拓展脱贫攻坚成果、全面推进乡村振兴和加快农业农村现代化提供坚实支撑。

在支持重点方面着力突出稳产保供。将粮食、生猪等重要农产品生产所需机具全部列入补贴范围，应补尽补。将育秧、烘干、标准化猪舍、畜禽粪污资源化利用等方面成套设施装备纳入农机新产品购置补贴试点范围，加快推广应用步伐。

在补贴资质方面着力突出农机科技自主创新。推广使用智能终端和应用智能作业模式，深化北斗系统在农业生产中的推广应用，确保农业生产数据安全；通过大力开展农机专项鉴定，重点加快农机创新产品取得补贴资质条件步伐，尽快列入补贴范围；对暂时无法开展农机鉴定的高端智能创新农机产品开辟绿色通道，通过农机新产品购置补贴试点予以支持。

在补贴标准方面着力做到"有升有降"。一是提升部分重点补贴机具补贴额，测算比例从30%提高到35%，包括水稻插（抛）秧机、重型免耕播种机、玉米籽粒收获机等粮食生产薄弱环节所需机具，丘陵山区特色农业发展急需机具以及复式、智能、高端产品。二是逐步降低区域内保有量明显过多、技术相对落后的轮式拖拉机等机具品目的补贴额，到2023年将其补贴额测算比例降低至15%及以下，并将部分低价值的机具退出补贴范围。

在政策实施方面着力突出优化营商环境。提升信息化水平，推广应用手机App、人脸识别、补贴机具二维码管理和物联网监控等技术，加快推进补贴全流程线上办理。加快补贴资金兑付，保障农民和企业合法权益，营造良好营商环境。优化办理流程，缩短机具核验办理时限。

在政策管理方面着力提升监督效能。充分发挥专业机构技术优势和大数据信息优势，提升违规行为排查和监控能力。对套取、骗取补贴资金的产销企业实行罚款处理，从严整治违规行为。

三、中央财政资金补贴机具种类范围

全国补贴的机具种类范围由 2018—2020 年的 15 大类 42 个小类 153 个品目调整扩展为 15 大类 44 个小类 172 个品目，基本涵盖了粮食等主要农作物以及生猪等重要畜禽产品全程机械化生产所需的主要机具装备。重点增加了丘陵山区农业生产和畜牧水产养殖、农产品初加工急需以及支持农业绿色发展和数字化建设的机具品目，减少区域内保有量明显过多、技术相对落后的机具品目或档次，以进一步满足农业机械化全程全面高质高效转型升级发展的需要。《意见》明确，各省要根据农业生产需要和资金供需实际，全面落实"有进有出"的原则，从全国补贴范围中选取本省补贴机具品目，优先保障粮食、生猪等重要农畜产品生产、丘陵山区特色农业生产以及支持农业绿色发展和数字化发展所需机具的补贴需要，将更多符合条件的高端、复式、智能产品纳入补贴范围，提高补贴标准、加大补贴力度，并按年度将区域内保有量明显过多、技术相对落后的机具品目或档次剔除出补贴范围。全国补贴范围可针对各省提出的增补建议进行调整，具体工作按年度进行。

四、新一轮农机购置补贴标准

新一轮农机购置补贴总体上继续实行定额补贴，依据同档产品上年市场销售均价按不超过 30% 的比例测算确定各档次补贴额，且通用类机具补贴额不超过农业农村部发布的最高补贴额。

为提高政策实施的精准化、便利化水平，赋予省级更大自主

权,推动补贴标准"有升有降",在4个方面推出了新举措。一是农业农村部、财政部统一制定发布全国补贴范围内各机具品目的主要分档参数,各省在此基础上优化参数及增加分档。二是明确各省围绕提升粮食生产薄弱环节和丘陵山区农机化水平、支持引导农民购置使用高端、智能农机产品,可选择不超过10个品目的产品,或同一品目不同档次的产品,提高其补贴额测算比例至35%,且通用类机具的补贴额可在20%的幅度内高于相应档次中央财政资金最高补贴额。三是要求各省选择区域内保有量明显过多、技术相对落后的轮式拖拉机等机具品目或档次,降低其补贴标准,到2023年将其补贴额测算比例降至15%以下,推进农机装备转型升级和结构优化。四是明确各省在公开补贴产品信息表时,不再公布具体产品的补贴额,增强购机者议价自主权,鼓励市场充分竞争,防范部分企业按照补贴额来定价,维护市场公平。

五、支持农机科技的创新举措

《意见》围绕加快农机创新成果转化和推广应用,明确大力支持农机创新产品列入补贴范围,多方面加大支持力度,推进农机科技创新,加快补短板、强弱项。一是支持各省将通过农机专项鉴定的创新产品列入补贴范围。明确专项鉴定产品范围不受全国补贴范围限制,品目数量和资金规模由各省结合实际确定。二是组织实施新一轮中央财政农机新产品购置补贴试点。重点支持暂不能开展鉴定的新型农机产品和不宜鉴定的成套设施装备等。成套设施装备试点品目数量和资金规模由各省结合实际确定,单套补贴额最高可达60万元。对2020年已列入试点范围且符合新一轮政策规定的农机新产品,相关省重新备案后,其试点资质可适当延长。三是全面开展植保无人驾驶航空器购置补贴工作。明确在具体操作办法出台之前,总体上继续按有关规定实施引导植保无人飞机规范应用试点。由于试点机具资质渠道逐渐完善,鼓励相关省提高试点机具资质门槛,进一步提升植保无人飞机的安全性、可靠性和先进性。四是提高高端、复式、智能农机产品补贴额测算比例。明确各省可选择部分高端、复式、智能农机产品，提高其补贴额测算比例至35%，且通用类机具的补贴额可在一定幅度内高于相应档次中央财政资金最高补贴额。对种业急需的玉米去雄机，按30%的比例足额测算补贴额，并可突破5万元单机补贴限额。

六、在便利农民和企业方面的措施

《意见》围绕政策稳定实施、补贴机具投档、补贴资金申领与兑付等事关农民和农机生产企业切身利益事项，提出了一系列便民利企具体举措。主要体现在"五个全面"：一是全面实行跨年度连续实施，除发生违规行为或补贴资金超录外，不得以任何理由限制购机者提交补贴申请，且补贴机具资质、补贴标准和办理程序等均按购机者提交补贴申请并录入农机购置补贴申请办理服务系统时的相关规定执行。二是全面运用农机购置补贴机具自主投档平台，实行常年受理，方便企业随时便捷投档。机具分类分档和补贴额未发生变化的补贴产品，其补贴资质继续有效，年度间不需重复投档。三是全面实行农机购置补贴申请办理服务系统常年连续开放，推广使用带有人脸识别功能的手机App等信息化技术，方便购机者随时在线提交补贴申请、应录尽录，加快实现购机者线下申领补贴"最多跑一次""最多跑一地"。四是全面实行补贴受益信息、资金使用进度实时公开，利用农机购置补贴信息公开专栏，按年度公告近3年县域内补贴受益信息，定期发布各县（市）资金使用进度，主动接受社会监督。加强业务协同，推进数据共享。五是全面推行补贴申请审核和资金兑付限时办理，进一步缩短办理时限，将农业农村部门审核时间由30个工作日缩短至15个工作日，将公示时间由20天缩短至5个工作日，将财政部门兑付时间由30个工作日缩短至15个工作日，让农民尽快享受政策实惠。

七、补贴资金分配使用要求

《意见》明确中央财政农机购置补贴资金的支出方向,主要包括支持购置先进适用农业机械,以及开展有关试点和农机报废更新等方面。强调农机购置补贴属约束性任务,资金必须足额保障,不得用于其他任务支出。要求地方各级财政部门要安排必要的组织管理经费,用于保障补贴工作顺利实施。明确选择部分有条件、有意愿的省份开展农机购置综合补贴试点,资金支出方向可包括作业补贴、贷款贴息、融资租赁承租补助等,探索多种政策工具叠加使用的农机化综合性扶持政策体系。要求各省要按需开展县(市)际余缺调剂,将实施进度低于序时进度县(市)的补贴资金调增给已出现供需缺口的县(市)。明确补贴资金出现较多缺口的省份,应及时下调部分机具的补贴额,确保政策效益普惠共享。

《意见》要求,省级财政应当依法安排农机购置补贴资金。考虑到各地农业发展实际和地区差异性,以及财政资金供需情况,鼓励地方各级财政安排资金,优先用于对地方特色农业发展所需和小区域适用性强的机具补贴,与中央财政资金互为补充,更好地发挥中央和地方财政资金的叠加效应。

第三节 农业机械报废更新补贴

2020年,为加快老旧农业机械报废更新进度,进一步优化农机装备结构,促进农机安全生产和节能减排,根据《农业机械安全监督管理条例》《国务院关于加快推进农业机械化和农机装备产业转型升级的指导意见》等有关法规政策要求,农业农村部办公厅、财政部办公厅、商务部办公厅共同制定了《农业机械报废更新补贴实施指导意见》。

一、总体要求

全面贯彻党的十九大和十九届二中、三中、四中全会精神，牢固树立新发展理念，紧紧围绕实施乡村振兴战略，深入推进农业供给侧结构性改革，坚持"农民自愿、政策支持、方便高效、安全环保"的原则，通过政策支持进一步加大耗能高、污染重、安全性能低的老旧农机淘汰力度，加快先进适用、节能环保、安全可靠农业机械的推广应用，努力优化农机装备结构，推进农业机械化转型升级和农业绿色发展。

二、实施范围和补贴对象

中央财政从农机购置补贴中安排资金，实施农机报废更新补贴政策，对农民报废老旧农机给予适当补助。农机报废更新补贴政策在全国所有农牧业县（场）范围内实施，各省（自治区、直辖市）及计划单列市、新疆生产建设兵团、黑龙江省农垦总局、广东省农垦总局（以下简称"各省"）也可结合实际，选择部分市县（场）开展试点再逐步扩大实施范围。补贴对象为从事农业生产的个人和农业生产经营组织，农业生产经营组织包括农村集体经济组织、农民专业合作经济组织、农业企业和其他从事农业生产经营的组织。

三、补贴种类和报废条件

中央财政资金补贴报废农机种类为《农业机械安全监督管理条例》规定的危及人身财产安全的农业机械，包括拖拉机、联合收割机、水稻插秧机、机动喷雾（粉）机、机动脱粒机、饲料（草）粉碎机、铡草机等，具体补贴种类由各省结合实际从中选择确定。补贴的报废农机应当主要部件齐全，来源清楚合法，机主应就机具来源、归属等作出书面承诺。纳入牌证管理的农机需要提供监理机构核发的牌证；无牌证或未纳入牌证管理的，应当具有铭牌或出厂编号、车架号等机具身份信息。报废农机的使用年限等技术条件由各省参照相关机械报废标准确定。对未达报废年限但安全隐患大、故障发生率高、损毁严重、维修成本高的农机，允许申请报废补贴。

四、补贴标准

中央财政农机报废更新补贴由报废部分补贴与更新部分补贴两部分构成。报废部分补贴实行定额补贴，补贴额由省级农业农村部门商财政部门确定。拖拉机和联合收割机报废补贴额不超过农业农村部发布的最高补贴额，各省可在此基础上归并或细化类别档次，确定具体补贴额。其他农机报废补贴额原则上按不超过同类型农机购置补贴额的30%测算，并综合考虑运输拆解成本等因素确定，单台农机报废补贴额原则上不超过2万元。在多个省份进行报废补贴的农机，相邻省农业农村部门应加强信息沟通，力求补贴额相对统一稳定。更新部分补贴标准按农机购置补贴政策相关规定执行。

五、回收企业

报废农机回收企业（以下简称"回收企业"）应以当地具备资质的报废机动车回收拆解企业为主，也可选择依法具有农机回收拆解经营业务的其他企业或合作社。具体由各省农业农村部门依据《农业机械安全监督管理条例》等确定，并向社会公布。回收企业应当遵守国家有关消防、安全、环保的规定，按照《报废农业机械回收拆解技术规范》开展报废农机回收拆解工作。

六、操作程序

（一）报废旧机

机主自愿将拟报废的农机交售给回收企业。回收企业应当核对机主和拟报废的农机信息，向机主出具《报废农业机械回收确认表（样式）》（以下简称《确认表》），向当地农业农村部门提供机主和报废农机信息。回收企业及时对回收的农机进行拆解并建立档案，对国家禁止生产销售的发动机等部件进行破坏性处理。拆解档案应包括铭牌或其他能体现农机身份的原始资料，保存期不少于3年。县级农业农村部门应对回收企业拆解或者销毁农机进行监督。

（二）注销登记

纳入牌证管理的拖拉机和联合收割机机主持《确认表》和相关证照，到当地负责农机牌证管理的机构依法办理牌证注销手续。相关机构核对机主和报废农机信息后，在《确认表》上签注"已办理注销登记"字样。

（三）兑现补贴

机主凭有效的《确认表》，按当地相关规定申请补贴。当地农业农村部门、财政部门按职责分工进行审核，财政部门向符合要求的机主兑现补贴资金。各地可结合实际，设置个人和农业生产经营组织年度内享受报废补贴的农机数量上限。县级农业农村部门应按照报废补贴机具总量不超过购置补贴机具总量的原则，合理确定年度报废补贴农机数量。

七、工作要求

（一）加强组织领导

各级农业农村部门、财政部门、商务部门要切实加强农机报废更新补贴工作的组织领导，明确职责分工，密切配合，形成工作合力。要细化完善管理措施，建立健全制度机制。要加强政策宣传，扩大公众知晓度。大力推行信息公开，对享受补贴的信息进行公示，对实施方案、补贴额、操作程序、投诉咨询方式等信息全面公开，主动接受监督。要加强补贴业务培训，提高工作人员素质能力。地方各级财政部门要加大投入力度，保障必要的工作经费。

（二）推行便民服务

各地有关部门要强化服务意识，创新工作方式，鼓励采取"一站式"服务、网上办理等便民措施，提高工作效率和服务质量。要做好与农机购置补贴工作信息平台的衔接，加快实现回收拆解等信息与农机购置补贴相关信息的互联互通，提高补贴申请资料校核效率。鼓励机动车回收拆解企业、农机维修企业、农机合作社合作开展农机报废回收工作，鼓励回收企业上门回收、办理业务。允许机主购买与报废种类和数量不同的农业机械。

（三）强化监督管理

各省要将农机报废更新补贴实施纳入农机购置补贴延伸绩效管理考核内容，强化结果运用。有关部门按照各自职责加强对农机报废更新补贴工作的监管。对未纳入牌证管理的农机具，各省要制定风险防控措施，严格加强监管，严查虚假报补等骗套补贴资金的违规行为，严惩违规主体。发现回收企业存在违规行为，应视情节轻重，采取警告、通报、暂停参与补贴实施并限期整改、禁止参与补贴实施等措施进行处理。对弄虚作假套取国家补贴资金的企业、个人和农业生产经营组织，要参照农机购置补贴的有关规定和原则进行严肃处理。

（四）及时报送情况

各省要根据本指导意见，结合实际制定印发本省农机报废更新补贴实施方案，并抄报农业农村部、财政部和商务部。要加强实施进度统计分析，严格执行进度季报制度，做好半年和全年总结分析，每年7月10日和12月10日前分别报送半年和全年农机报废更新补贴工作总结。

第四节 农业保险政策

一、中央财政农业保费补贴型保险产品政策

农业部、财政部和保监会联合发布《关于进一步完善中央财政保费补贴型农业保险产品条款拟订工作的通知》,要求农业保险提供机构对种植业保险及能繁母猪、生猪、奶牛等按头(只)保险的大牲畜保险条款中不得设置绝对免赔。同时,要依据不同品种的风险状况及民政、农业部门的相关规定,科学合理地设置相对免赔。

1. 什么是绝对免赔额

绝对免赔额是指保险合同中规定的保险人对约定数额以下的损失绝对不承担赔偿责任的免赔限额。在保险标的发生损失时,必须超过一定金额或比率,保险人才对超过部分承担赔偿责任,损失在规定限额以下的,保险人不予赔偿。随着近年来农业生产水平的提高,保险责任窄、保障程度低、理赔条件严苛等已成为农户反映的焦点问题。取消之后,意味着农户花同样的保费,能够得到更高的赔偿。

2. 国家如何补贴保费

由于我国幅员辽阔,各地农业的发展情况和面临的风险各不相同,如海南受台风灾害较多,西南地区受泥石流等灾害较多,中原地区受干旱灾害较多……因此各省农业保险的品种、范围、保费以及赔偿金额都不一样。如果要购买农业保险,需要了解当地的政策和产品。

3. 如何购买和理赔

签订合同:在自愿的基础上,以村为单位统一投保,投保单位与承保公司签订保险合同(附参保农户投保明细单,同时提供投保农户身份证号及一卡通账号)。村里没有统一投保的,投保农户与承保公司签订保险合同,投保人应及时缴纳应承担的保

费。保险合同须按品种（小麦、玉米、棉花等）签署，保费须按品种缴纳。投保农户不缴费，财政不补贴。

定损理赔农户如在合同期内发生了灾害，首先，要及时通知所在村协保员或镇（区）三农保险服务站，由镇（区）、村协保员把受灾情况核实后报送保险机构；其次，要保护好受灾现场，未经保险公司允许，不能随意对灾害现场进行处理；最后，保险机构和政府相关部门将联合对受灾情况进行查勘定损，保险公司将根据规定进行理赔公示，无异议后向受灾农户发放赔款。

争议处理：农户或农业生产经营组织与农业保险经办机构因保险事宜发生争议，可通过自行协商解决，也可向当地政策性农业保险工作机构或政府申请调解；如调解无法达成一致，可申请仲裁或向当地人民法院提起诉讼。

4. 投保的注意事项

（1）投保者在决定投保前，须详细了解保费补贴政策、投保单上的重要提示和保险条款（特别是保险责任、责任免除、被保险人义务等）。同时，投保单必须由投保人亲自填写，集体投保的被保险人要在投保农户清单上签字确认。另外，投保后，必须妥善保管好保险单和发票。

（2）投保者如实填报姓名、保险的作物、面积、身份证号、联系方式、地块位置以及用于领取赔款的资金账号等识别信息。

二、关于加快农业保险高质量发展的指导意见

2019年5月29日，中央全面深化改革委员会第八次会议审议并原则同意《关于加快农业保险高质量发展的指导意见》。

（一）总体要求

1. 指导思想

以习近平新时代中国特色社会主义思想为指导，全面贯彻党的十九大和十九届二中、三中全会精神，按照党中央、国务院决策部署，紧紧围绕实施乡村振兴战略和打赢脱贫攻坚战，立足

第四章　完善强农惠农富农政策，促进农民持续增收

深化农业供给侧结构性改革，按照适应世贸组织规则、保护农民利益、支持农业发展和"扩面、增品、提标"的要求，进一步完善农业保险政策，提高农业保险服务能力，优化农业保险运行机制，推动农业保险高质量发展，更好地满足"三农"领域日益增长的风险保障需求。

2. 基本原则

（1）政府引导。更好发挥政府引导和推动作用，通过加大政策扶持力度，强化业务监管，规范市场秩序，为农业保险发展营造良好环境。

（2）市场运作。与农业保险发展内在规律相适应，充分发挥市场在资源配置中的决定性作用，坚持以需求为导向，强化创新引领，发挥好保险机构在农业保险经营中的自主性和创造性。

（3）自主自愿。充分尊重农民和农业生产经营组织意愿，不得强迫、限制其参加农业保险。结合实际探索符合不同地区特点的农业保险经营模式，充分调动农业保险各参与方的积极性。

（4）协同推进。加强协同配合，统筹兼顾新型农业经营主体和小农户，既充分发挥农业保险经济补偿和风险管理功能，又注重融入农村社会治理，共同推进农业保险工作。

3. 主要目标

到2022年，基本建成功能完善、运行规范、基础完备，与农业农村现代化发展阶段相适应、与农户风险保障需求相契合、中央与地方分工负责的多层次农业保险体系。稻谷、小麦、玉米三大主粮作物农业保险覆盖率达到70%以上，收入保险成为我国农业保险的重要险种，农业保险深度（保费/第一产业增加值）达到1%，农业保险密度（保费/农业从业人口）达到500元/人。

到2030年，农业保险持续提质增效、转型升级，总体发展基本达到国际先进水平，实现补贴有效率、产业有保障、农民得实惠、机构可持续的多赢格局。

（二）提高农业保险服务能力

1. 扩大农业保险覆盖面

推进政策性农业保险改革试点，在增强农业保险产品内在吸引力的基础上，结合实施重要农产品保障战略，稳步扩大关系国计民生和国家粮食安全的大宗农产品保险覆盖面，提高小农户农业保险投保率，实现愿保尽保。探索依托养殖企业和规模养殖场（户）创新养殖保险模式和财政支持方式，提高保险机构开展养殖保险的积极性。鼓励各地因地制宜开展优势特色农产品保险，逐步提高其占农业保险的比重。适时调整完善森林和草原保险制度，制定相关管理办法。

2. 提高农业保险保障水平

结合农业产业结构调整和生产成本变动，建立农业保险保障水平动态调整机制，在覆盖农业生产直接物化成本的基础上，扩大农业大灾保险试点，逐步提高保障水平。推进稻谷、小麦、玉米完全成本保险和收入保险试点，推动农业保险"保价格、保收入"，防范自然灾害和市场变动双重风险。稳妥有序推进收入保险，促进农户收入稳定。

3. 拓宽农业保险服务领域

满足多元化的风险保障需求，探索构建涵盖财政补贴基本险、商业险和附加险等的农业保险产品体系。稳步推广指数保险、区域产量保险、涉农保险，探索开展一揽子综合险，将农机大棚、农房仓库等农业生产设施设备纳入保障范围。开发满足新型农业经营主体需求的保险产品。创新开展环境污染责任险、农产品质量险。支持开展农民短期意外伤害险。鼓励保险机构为农业对外合作提供更好的保险服务。将农业保险纳入农业灾害事故防范救助体系，充分发挥保险在事前风险预防、事中风险控制、事后理赔服务等方面的功能作用。

4. 落实便民惠民举措

落实国家强农惠农富农政策，切实维护投保农民和农业生产经营组织利益，充分保障其知情权，推动农业保险条款通俗化、标准化。保险机构要做到惠农政策、承保情况、理赔结果、服务标准、监管要求"五公开"，做到定损到户、理赔到户，不惜赔、不拖赔，切实提高承保理赔效率，健全科学精准高效的查勘定损机制。鼓励各地因地制宜建立损失核定委员会，鼓励保险机构实行无赔款优待政策。

（三）优化农业保险运行机制

1.明晰政府与市场边界

地方各级政府不参与农业保险的具体经营。在充分尊重保险机构产品开发、精算定价、承保理赔等经营自主权的基础上，通过给予必要的保费补贴、大灾赔付、提供信息数据等支持，调动市场主体积极性。基层政府部门和相关单位可以按照有关规定，协助办理农业保险业务。

2.完善大灾风险分散机制

加快建立财政支持的多方参与、风险共担、多层分散的农业保险大灾风险分散机制。落实农业保险大灾风险准备金制度，增强保险机构应对农业大灾风险能力。增加农业再保险供给，扩大农业再保险承保能力，完善再保险体系和分保机制。合理界定保险机构与再保险机构的市场定位，明确划分中央和地方各自承担的责任与义务。

3.清理规范农业保险市场

加强财政补贴资金监管，对骗取财政补贴资金的保险机构，依法予以处理，实行失信联合惩戒。进一步规范农业保险市场秩序，降低农业保险运行成本，加大对保险机构资本不实、大灾风险安排不足、虚假承保、虚假理赔等处罚力度，对未达到基本经营要求、存在重大违规行为和重大风险隐患的保险机构，坚决依法清退出农业保险市场。

4.鼓励探索开展"农业保险+"

建立健全保险机构与灾害预报、农业农村、林业草原等部门的合作机制,加强农业保险赔付资金与政府救灾资金的协同运用。推进农业保险与信贷、担保、期货(权)等金融工具联动,扩大"保险+期货"试点,探索"订单农业+保险+期货(权)"试点。建立健全农村信用体系,通过农业保险的增信功能,提高农户信用等级,缓解农户"贷款难、贷款贵"问题。

(四)加强农业保险基础设施建设

1. 完善保险条款和费率拟订机制

加强农业保险风险区划研究,构建农业生产风险地图,发布农业保险纯风险损失费率,研究制定主要农作物、主要牲畜、重要"菜篮子"品种和森林草原保险示范性条款,为保险机构产品开发、费率调整提供技术支持。建立科学的保险费率拟订和动态调整机制,实现基于地区风险的差异化定价,真实反映农业生产风险状况。

2. 加强农业保险信息共享

加大投入力度,不断提升农业保险信息化水平。逐步整合财政、农业农村、保险监督管理、林业草原等部门以及保险机构的涉农数据和信息,动态掌握参保农民和农业生产经营组织相关情况,从源头上防止弄虚作假和骗取财政补贴资金等行为。

3. 优化保险机构布局

支持保险机构建立健全基层服务体系,切实改善保险服务。经营政策性农业保险业务的保险机构,应当在县级区域内设立分支机构。制定全国统一的农业保险招投标办法,加强对保险机构的规范管理。各地要结合本地区实际,建立以服务能力为导向的保险机构招投标和动态考评制度。依法设立的农业互助保险等保险组织可按规定开展农业保险业务。

4. 完善风险防范机制

强化保险机构防范风险的主体责任,坚持审慎经营,提升风险预警、识别、管控能力,加大预防投入,健全风险防范和应急处置机制。督促保险机构严守财务会计规则和金融监管要求,强化偿付能力管理,保证充足的风险吸收能力。加强保险机构公司治理,细化完善内控体系,有效防范和化解各类风险。

(五)做好组织实施工作

1. 强化协同配合

各地区、各有关部门要高度重视加快农业保险高质量发展工作,加强沟通协调,形成工作合力。财政部会同中央农办、农业农村部、银保监会、国家林草局等部门成立农业保险工作小组,统筹规划、协同推进农业保险工作。有关部门要抓紧制定相关配套措施,确保各项政策落实到位。各省级党委和政府要组织制定工作方案,成立由财政部门牵头,农业农村、保险监管和林业草原等部门参与的农业保险工作小组,确定本地区农业保险财政支持政策和重点,统筹推进农业保险工作。

2. 加大政策扶持

优化农业保险财政支持政策,探索完善农业保险补贴方式,加强农业保险与相关财政补贴政策的统筹衔接。中央财政农业保险保费补贴重点支持粮食生产功能区和重要农产品生产保护区以及深度贫困地区,并逐步向保障市场风险倾斜。对地方优势特色农产品保险,中央财政实施以奖代补予以支持。农业农村、林业草原等部门在制定行业规划和相关政策时,要注重引导和扶持农业保险发展,促进保险机构开展农业保险产品创新,鼓励和引导农户和农业生产经营组织参保,帮助保险机构有效识别防范农业风险。

3. 营造良好市场环境

深化农业保险领域"放管服"改革,健全农业保险法规政策体系。研究设立农业保险宣传教育培训计划。发挥保险行业协会等自律组织作用。加大农业保险领域监督检查力度,建立常态化检查机制,充分利用银保监会派出机构资源,加强基层保险监管,严厉查处违法违规行为,对滥用职权、玩忽职守、徇私舞弊、查处不力的,严格追究有关部门和相关人员责任,构成犯罪的,坚决依法追究刑事责任。

三、关于扩大三大粮食作物完全成本保险和种植收入保险实施范围的通知

2021年6月,计划财务司印发了《关于扩大三大粮食作物完全成本保险和种植收入保险实施范围的通知》。

(一)指导思想

以习近平新时代中国特色社会主义思想为指导,贯彻落实党的十九大和十九届二中、三中、四中、五中全会精神,按照党中央、国务院决策部署,紧紧围绕全面推进乡村振兴和加快农业农村现代化,通过扩大三大粮食作物完全成本保险和种植收入保险实施范围,进一步增强农业保险产品吸引力,助力健全符合我国农业发展特点的支持保护政策体系和农村金融服务体系,稳定种粮农民收益,支持现代农业发展,保障国家粮食安全。

(二)基本原则

1. 坚持自主自愿

实施完全成本保险和种植收入保险的地区以及有关农户、农业生产经营组织、承保机构均应坚持自主自愿原则。对纳入政策实施范围的产粮大县,有关农户和农业生产经营组织2021年可在直接物化成本保险、农业大灾保险、完全成本保险或种植收入保险中自主选择投保产品,2022年起可在直接物化成本保险、完全成本保险或种植收入保险中自主选择投保产品,但不得重复投保。

2. 体现金融普惠

将适度规模经营农户和小农户均纳入完全成本保险和种植收入保险保障范围,注重发挥新型农业经营主体带动作用,提升小农户组织化程度,把小农生产引入现代农业发展轨道,允许村集体组织小农户集体投保、分户赔付。

3. 增强预算约束

各地应结合财力状况，量力而行、尽力而为，结合农业保险业务发展趋势，循序渐进，因地制宜扩大完全成本保险和种植收入保险实施范围，逐步实现产粮大县全覆盖。原则上，中央财政完全成本保险或种植收入保险保费补贴增幅不高于预算增幅。

4. 鼓励探索创新

扩大政策实施范围过程中，鼓励各地探索建立标准化农业保险运行体系，加强与政府救灾体系协同，开发标准化农业保险产品，完善农业保险风险区划，加强数据比对核验，有效规避道德风险。

5. 确保风险可控

各地应注重加强经营风险管控，强化对农业大灾风险的监测预警和应急管理，建立健全农业再保险和农业大灾风险分散机制，全面提高大灾风险统筹层次，形成农业风险闭环管控体系。

（三）补贴方案

（1）保险标的为关系国计民生和粮食安全的稻谷、小麦、玉米三大粮食作物。保险品种为完全成本保险和种植收入保险。其中，完全成本保险为保险金额覆盖直接物化成本、土地成本和人工成本等农业生产总成本的农业保险；种植收入保险为保险金额体现农产品价格和产量，覆盖农业种植收入的农业保险。保险保障对象为全体农户，包括适度规模经营农户和小农户。

（2）实施地区为河北、内蒙古、辽宁、吉林、黑龙江、江苏、安徽、江西、山东、河南、湖北、湖南、四川13个粮食主产省份的产粮大县。2021年纳入补贴范围的实施县数不超过省内产粮大县总数的60%，2022年实现实施地区产粮大县全覆盖。粮食主产省份产粮大县范围根据上一年度中央财政奖励的产粮大县名单确定。

（3）原则上，完全成本保险或种植收入保险的保障水平不高于相应品种种植收入的80%。农业生产总成本、单产和价格（地头价)数据,以发展改革委最新发布的《全国农产品成本收益资料汇编》或相关部门认可的数据为准。

(4)补贴比例为在省级财政补贴不低于25%的基础上,中央财政对中西部及东北地区补贴45%,对东部地区补贴35%。

(四)保险方案

(1)完全成本保险的保险责任应涵盖当地主要的自然灾害、重大病虫害和意外事故等,种植收入保险的保险责任应涵盖农产品价格、产量波动导致的收入损失。保险费率应按照保本微利原则厘定,综合费用率不高于20%。

(2)各地要注重加强承保机构资质管理。承保完全成本保险或种植收入保险的保险机构应满足《财政部 农业农村部关于加强政策性农业保险承保机构遴选管理工作的通知》(财金〔2020〕128号)相关要求和银保监会关于农业保险经营条件的监管规定。

(3)承保机构应当公平合理地拟订保险条款和保险费率,并充分征求当地财政、农业农村部门和农户代表意见。

(4)承保机构应加强承保理赔管理,对适度规模经营农户和小农户都要做到承保到户、定损到户、理赔到户。要因地制宜研究制定查勘定损标准与规范。在农户同意的基础上,原则上可以以乡镇或村为单位抽样确定损失率。

(5)承保机构要有稳健的农业再保险安排,积极参与农业保险再保险体系改革试点,确保扩大政策实施范围工作稳步推动。

(五)其他事项

在符合扩大政策实施范围工作指导思想和基本原则的前提下,鼓励各地结合实际探索开展农业保险创新试点,开发标准化农业保险产品,完善风险区划和费率调整机制,加强保费补贴资金审核。鼓励有关方面加强与国防科工局重大专项工程中心合作,通过遥感等途径对农业保险数据进行交叉验证,提高真实性和准确性。

第五节 社会资本投资农业农村指引

2020年，为应对新冠肺炎疫情影响，遏制农业投资下滑态势，引导社会资本投入农业农村，构建乡村振兴多元投入格局，农业农村部制定印发了《社会资本投资农业农村指引》(以下简称《指引》)，这是第一个全国性的社会资本投资农业农村指导性文件。

一、《指引》出台的背景和意义

实施乡村振兴战略，实现农业农村优先发展，除要进一步加大财政投入外，还需要激发社会资本投资活力，更好满足多样化投融资需求。

党中央、国务院高度重视引导社会资本投入农业农村。习近平总书记多次强调，要鼓励社会资本投向农村建设，积极引导社会资本参与农村公益性基础设施建设，鼓励和引导工商资本到农村发展适合企业化经营的现代种养业。2020年4月17日，中央政治局分析研究当前经济形势和部署当前经济工作时，明确要求扎实做好包括"稳投资"在内的"六稳"工作，落实"六保"任务。近年来，中央一号文件、中办、国办印发的乡村振兴战略规划等一系列政策文件，对此也做出明确要求。贯彻落实中央决策部署，需要制定一个指引性文件，明确重点、创新模式、营造氛围，引导社会资本有序进入农业农村。

社会资本是推进乡村振兴战略实施的重要力量。社会资本作为国民经济中最活跃的元素，在第一产业固定资产投资中占比超过八成，而且还能将人才、技术、管理等现代生产要素注入农业农村，有利于加快建成现代农业产业体系、生产体系、经营体系。但是，2019年以来我国农业固定资产投资持续低迷。2020年一季度，受突发疫情影响，第一产业固定资产投资同比下降13.8%。亟须强化政策指导，提振投资信心，引导好、服务好、保护好社会资本投资农业农村的积极性。

社会资本投资农业农村需要进一步优化服务、精准引导。当前，社会资本投资农业农村呈现出投资主体更加多元、投资模式更加多样、投资领域更加广泛的态势。但同时，在政策、机制等方面也还存在一些现实困难，需要深化"放管服"改革，营造公平竞争的市场环境，稳定市场预期，畅通投入渠道，助力破解乡村振兴"钱从哪来"的问题。

二、社会资本投资农业农村的重点产业和领域

目前，社会资本投资已经在农业农村各个领域发挥着重要作用。为了引导社会资本更加精准投向乡村振兴重点领域，《指引》梳理提出了12个重点产业和领域，涉及四个方面。

第一，在农业产业方面，鼓励社会资本投向现代种养业、乡土特色产业、农产品加工流通业等领域，发展规模化、标准化、品牌化的现代农业，建设优势特色农业产业集群，建设农产品精深加工基地，切实保障粮食、生猪等重要农产品有效供给，促进农村一二三产业融合发展。

第二，在农业农村服务业方面，鼓励社会资本投向乡村新型生产生活服务业等领域，做好农技推广、农资供应、生产托管等社会化服务，发展电商、乡村休闲旅游、农村垃圾污水清理等生活性服务业，积极参与数字农业、数字乡村建设，完善农业农村各项服务，提升农村居民幸福感。

第三，在农业农村基础设施建设方面，鼓励社会资本投向基础设施、生态循环农业和农村人居环境整治等领域，推进建设高标准农田、农产品仓储保鲜冷链物流设施，构建农业废弃物收储运和处理等综合利用体系，开发农村可再生能源，参与农村厕所革命，夯实农业农村现代化建设基础。

第四，在科技创新方面，鼓励社会资本投向现代种业、农业科技创新、农业农村人才培养、农村创新创业等领域，提升现代种业自主创新能力，参与农业关键核心技术攻关行动，建设人才

培养基地,搭建农村双创园区,打造产学研用深度融合平台,培育农业农村经济发展新动能。

同时,《指引》汇总形成了重点领域和重大政策两个目录,更加明晰12个重点领域下众多细分的具体方向,以及农业农村发展中正在执行的重点规划及重大工程,为社会资本投资农业农村提供一个简洁清晰的线索指引。

三、社会资本与农业、农民、农村之间关系的处理

《指引》旗帜鲜明地提出了社会资本投资农业农村要尊重农民主体地位、遵循市场规律、坚持开拓创新3条基本原则,就是要指导处理好社会资本与农业、农民、农村的关系。

一要有情怀讲责任,很多世界知名的农业企业都是百年老店,我国大量的农业产业化龙头企业,如隆平高科、德青源、伊利等,也都是几十年如一日扎根农村,在与农民共同成长、共同富裕中实现了企业自身的发展壮大。社会资本投资农业农村也要带着对农民的感情、饱含创业的热情、充满开拓的激情地去干,要到乡到村、爬坡下田,带动老乡,而不代替老乡。

二要讲合作谋共赢,农民本身是农业农村的投资主体和重要力量,其他社会资本下乡要加强与农民的合作,多办农民"办不了、办不好、办了不合算"的产业,主要从事农业产前产中产后服务,把中间的种养环节尽量留给农民;多办链条长、农民参与度高、受益面广的产业,为农民创造更多就近就地就业门路;多办扶贫带贫、帮农带农的产业,尤其要加大到贫困地区投资兴业力度,给农民创造更多发展机会。

三要有信心谋长远,乡村是投资兴业的热土,随着乡村振兴战略的深入实施,城乡融合发展快速推进,投资农业农村空间广阔、前景光明。同时,也要看到,投资农业农村很难一夜暴富,但会得到长期稳定的回报。社会资本要从农业农村发展的实际和需要出发,抓住乡村振兴的机遇,树立长期投资的理念,扎根农村、深耕农业、共同发展。

当然，在引入社会资本的过程中，必须尊重市场规律，尊重社会资本作为市场主体的盈利诉求，用看得见的发展前景、可行的商业模式、长期稳定的合理回报，吸引社会资本，这样才引得进、留得住、做得大。

四、促进社会资本落实落地的措施

社会资本进入农业农村，也希望在金融、土地等瓶颈制约上得到更多支持。对这些问题，国家高度重视，各个部门都在积极想办法，促进社会资本更好更快落实落地。

一是在用地用电保障方面，2020年中央一号文件明确要求，将农业种植养殖配建的保鲜冷藏、晾晒存贮、农机库房、分拣包装、废弃物处理、管理看护房等辅助设施用地纳入农用地管理，落实农业设施用地可以使用耕地政策，并对在农村建设的保鲜仓储设施用电实行农业生产用电价格。同时，国务院2019年出台的《关于促进乡村产业振兴的指导意见》，明确要求加大对乡村产业发展用地的倾斜支持力度，开展农村集体经营性建设用地入市改革，盘活乡村建设用地重点用于乡村新产业新业态和返乡入乡创新创业等，保障对乡村产业发展的建设用地需求。

二是在加大信贷服务方面，2019年农业农村部与人民银行等联合出台《关于金融服务乡村振兴的指导意见》，指导建立完善金融服务乡村振兴的市场体系、产品体系和服务体系。2020年，国家出台了一系列支农支小再贷款再贴现和贴息等优惠信贷政策，推动农业信贷可得性、便利性不断提升。同时，全国农业信贷担保体系作用在逐步显现，各级农业农村部门也在持续加强与农发行、农行、邮储银行等有关金融机构的合作，积极为银企对接搭建沟通桥梁，为社会资本拓宽融资渠道。

三是在防范农业生产经营风险方面，近年来农业保险"扩面、增品、提标"加快推进，保险责任从保成本向保收入延伸，逐步形成"大宗农产品＋地方优势特色品种"的完整农业保险保费补贴品种体系。2019年，农业农村部与财政部等联合印发《关于加快农业保险高质量发展的指导意见》,指导完善农业保险政策,优化运行机制,提高服务能力。2020年,农业大灾保险试点、完全成本保险和收入保险试点将持续开展,特色农产品奖补试点将进一步扩大覆盖面。这些举措都将有效提升社会资本投资农业农村的风险保障水平。

第五章　加强农业生态保护，推进农业绿色发展

第一节　《农药管理条例》解读

国务院总理李克强签署国务院令公布修订后的《农药管理条例》(以下简称《条例》)，自2017年6月1日起施行。

一、修改《条例》的意义

农药是重要的农业投入品，农药的使用直接关系农产品的质量安全和生态环境，因此，加强农药管理十分必要。现行《条例》是1997年公布施行的，已经不适应新形势下农药管理工作的需要，亟须修改完善：一是临时登记门槛低，导致低水平、同质化农药供给多，安全、经济、高效农药供给少，需要依法促进农药产业转型升级，提高农药质量水平。二是农药生产管理存在重复审批、管理分散等问题，需要调整管理职责，优化监管方式。三是农药经营主体规模小、布局散、秩序乱，有的制假售假甚至销售禁用农药，需要依法推动转变经营管理方式，完善经营管理制度。四是农药使用中存在擅自加大剂量、超范围使用以及不按照安全间隔期采收农产品的现象，需要依法加强农药使用监管，促进科学使用农药。五是现行《条例》的法律责任处罚力度不够，需要综合运用民事、行政等多种措施，对违法生产经营者实行严厉处罚，提高违法成本。

为了切实解决上述问题，加强农药管理，保证农药质量，保

障农产品质量安全和人畜安全，保护农业、林业生产和生态环境，有必要修订《条例》。

二、《条例》在农药登记方面的修改

《条例》对农药登记制度主要做了以下修改：一是取消临时登记，明确在我国生产和向我国出口的农药需申请登记，经登记试验、登记评审，符合条件的，由农业部核发农药登记证并公告。二是规定农业部组织成立农药登记评审委员会，负责农药登记评审，并明确了登记评审委员会的人员组成。三是规定申请农药登记，首先要进行登记试验，登记试验报所在地省级农业部门备案，新农药的登记试验须经农业部批准。四是规定登记试验由农业部认定的登记试验单位按照规定进行，登记试验单位对登记试验报告的真实性负责。五是规定了登记试验结束后，申请人应当提交的资料以及农药登记机关的审批时限等。六是规定了农药登记证应当载明的内容和有效期，以及农药登记证的延续、变更程序。

三、《条例》在农药生产管理制度方面的完善

针对农药生产管理存在的重复审批、管理分散等问题，按照国务院简政放权、放管结合、优化服务的改革精神，《条例》做了以下修改：一是实行农药生产许可制度，明确农药生产企业应当具备的条件，并规定由省级农业部门核发农药生产许可证。二是规定委托加工、分装农药的，委托人应当取得相应的农药登记证，受托人应当取得农药生产许可证，并明确委托人应当对委托加工、分装的农药质量负责。三是要求生产企业建立原材料进货记录制度，采购原材料要查验产品质量检验合格证和有关许可证明文件并如实记录。四是规定农药生产企业应当严格按照产品质量标准进行生产，农药出厂销售应当经质量检验合格、附具产品质量检验合格证，并建立出厂销售记录制度。五是规定农药包装应当符合国家有关规定，印制或者贴有标签，并明确了标签应当

标注的具体内容，特别要求用于食用农产品的农药的标签标注安全间隔期。

四、《条例》在农药经营方面的规定

针对农药经营主体规模小、布局散、秩序乱，有的制假售假甚至销售禁用农药等问题，《条例》做了以下规定：一是取消农药经营主体仅限于供销社、农技推广站等主体的规定，实行农药经营许可制度，对高毒等限制使用农药实行定点经营制度，明确了农药经营者应当具备农药和病虫害防治专业知识、能够指导安全合理使用农药、经营场所应当与饮用水水源和生活区域有效隔离等条件，以及申请农药经营许可的程序。二是要求农药经营者建立采购台账，采购农药时查验产品包装、标签、产品质量检验合格证以及有关许可证明文件，并如实记录，不得向未取得农药生产许可证的农药生产企业或者未取得农药经营许可证的其他农药经营者采购农药。三是要求农药经营者建立销售台账，如实记录销售农药的名称、规格、数量、生产企业、购买人、销售日期等内容，并正确说明农药的使用范围、使用方法和剂量、使用技术要求和注意事项。四是规定农药经营者不得加工、分装农药，不得在农药中添加物质，不得采购、销售包装和标签不符合规定，以及未附具产品质量检验合格证、未取得有关许可证明文件的农药。

五、《条例》在农药使用管理方面的规定

针对农药使用中存在的擅自加大剂量、超范围使用以及不按照安全间隔期采收农产品等问题，《条例》主要做了以下规定：一是要求各级农业部门加强农药使用指导、服务工作，组织推广农药科学使用技术，提供免费技术培训，提高农药安全、合理使用水平。二是通过推广生物防治、物理防治、先进施药器械等措施，逐步减少农药使用量，要求县级政府制定并组织实施农药减量计划，对实施农药减量计划、自愿减少农药使用量的给予鼓

励和扶持。三是要求农药使用者遵守农药使用规定，妥善保管农药，并在配药、用药过程中采取防护措施，避免发生农药使用事故。四是要求农药使用者严格按照标签标注的使用范围、使用方法和剂量、使用技术要求等注意事项使用农药，不得扩大使用范围、加大用药剂量或者改变使用方法，不得使用禁用的农药；标签标注安全间隔期的农药，在农产品收获前应当按照安全间隔期的要求停止使用；剧毒、高毒农药不得用于蔬菜、瓜果、茶叶、菌类、中草药材的生产。五是要求农产品生产企业、食品和食用农产品仓储企业、专业化病虫害防治服务组织和从事农产品生产的农民专业合作社等建立农药使用记录，如实记录使用农药的时间、地点、对象以及农药名称、用量、生产企业等。

六、《条例》在法律责任部分的补充完善

为加大对违法行为的处罚力度，保证《条例》得到切实贯彻实施，《条例》进一步严格了法律责任：一是明确农业部门及其工作人员有不依法履行监督管理职责等行为的，依法给予处分和追究刑事责任。二是对无证生产经营、生产经营假劣农药等违法行为，规定了没收违法所得、罚款、吊销许可证，以及没收违法生产的产品和用于违法生产的设备、原材料等行政处罚，构成犯罪的依法追究刑事责任。三是对将剧毒、高毒农药用于蔬菜、瓜果等食用农产品的，规定了罚款等行政处罚，构成犯罪的依法追究刑事责任。四是规定被吊销农药登记证的，5年内不再受理其登记申请；无证生产经营以及被吊销许可证的，其直接负责的主管人员10年内不得从事农药生产经营活动。

第二节　规范水产养殖投入品使用

2021年，农业农村部发布《关于加强水产养殖用投入品监管的通知》（以下简称《通知》），指导地方农业农村（畜牧兽医、渔业）部门，进一步加大对生产、进口、经营和使用假、劣水产

养殖用兽药、饲料和饲料添加剂等违法行为的打击力度,全面开展3年整治,着力整顿相关产品生产、经营和使用秩序。

一、《通知》出台的背景和意义

水产养殖用投入品,如兽药、饲料和饲料添加剂,是水产养殖中重要的生产资料。这些产品的质量关系水产养殖业健康发展,更关系养殖水产品质量安全以及食品安全、生态安全。一直以来,农业农村部高度重视水产养殖用投入品监管问题,坚持依法强化相关产品生产、经营和使用等环节的监督执法,加强产地水产品兽药残留监控,严厉打击相关违法行为,确保广大人民群众消费养殖水产品的舌尖上的安全。但近年来有部分企业故意以"非药品""动保产品"等名义,将应按照兽药、饲料和饲料添加剂管理的产品"改头换面",规避政府监管,有的产品掺杂使假,造成养殖水产品的质量安全隐患和环境问题。

为此,农业农村部在深入调查和征求各方意见基础上,研究制定下发了《通知》,主要目的是进一步明确水产养殖用投入品内涵和监管范围,明确地方农业农村(畜牧兽医、渔业)部门的监管职责,部署开展3年整治行动,打击相关违法活动,整肃市场秩序,规范投入品使用,确保养殖水产品质量安全。

二、《通知》的主要内容

《通知》对地方农业农村(畜牧兽医、渔业)部门,下一步加强水产养殖用投入品监管提出了5点工作要求。

一是明确责任。地方农业农村(畜牧兽医、渔业)部门要依照《兽药管理条例》《饲料和饲料添加剂管理条例》有关规定,准确把握水产养殖用兽药、饲料和饲料添加剂的含义及管理范畴,该管的产品就要依法监管。

二是强化管理。《通知》特别强调,水产养殖用投入品,应当按照兽药、饲料和饲料添加剂管理的,无论冠以"××剂"的名称,均应依法取得相应生产许可证和产品批准文号,方可生产、经营和使用。市场上所谓"水质改良剂""底质改良剂""微生态制剂"等产品中,用于预防、治疗、诊断水产养殖动物疾病或者有目的地调节水产养殖动物生理机能的,应按照兽药监督管理。

三是严厉整治。农业农村部将在2021—2023年连续3年开展水产养殖用兽药、饲料和饲料添加剂相关违法行为的专项整治,重点查处故意以所谓"非药品""动保产品"等名义生产、经营和使用假兽药,逃避兽药监管的违法行为,决不能使一些"改头换面"的违法产品轻易逃避监管。

四是白名单制度。在全国试行水产养殖用投入品使用白名单制度。在使用环节,对发现养殖者使用兽药、饲料及饲料添加剂等白名单以外投入品的,依法查处或公布其产品可能存在质量安全风险隐患的警示信息,督促养殖者主动使用合法水产养殖用投入品。

五是提升服务。坚持疏堵结合,打击不法产品,同时鼓励有条件的相关企业依法规范生产、经营。积极为兽药、饲料和饲料添加剂生产、经营企业提供服务,优化审批流程,加强法律普及和政策宣传,提升养殖者规范用药意识,发挥相关社团自律作用,引导相关企业规范生产、经营。

三、水产养殖用投入品使用白名单制度

合法与非法水产养殖用投入品黑白分明,投入品从来没有"不白不黑"的"灰色地带"。水产养殖用投入品涉及食品和生态安全,其技术要求依法应当制定强制性国家标准,并依法按强制性国家标准生产。农业农村部就是依照相关法律法规对兽药、饲料和饲料添加剂进行审批,通过安全性评价、临床(或稳定性)试验等一系列法定程序,验证相关产品安全、稳定、有效和环保性等要求,产品质量符合国家强制性标准,才批准其产品生产。但是,目前市场上一些号称可用于水产养殖的产品,其生产企业仅有自行声明的产品企业标准,未经过农业农村部的安全性评价

和临床（或稳定性）试验，无法确认其产品安全、有效和环保性，无国家强制性标准可依，养殖生产、产品质量和环境风险都存在不确定性。

农业农村部试行水产养殖用投入品使用白名单制度，主要目的就是引导水产养殖者依法规范使用农业农村部批准的水产养殖用投入品（即白名单内投入品），拒绝购买使用无法确保安全、有效和环保的其他产品。地方农业农村（渔业）部门一旦发现养殖者使用白名单以外的投入品，要依法进行查处，涉嫌犯罪的移交司法部门追究刑事责任。另外，还要公开发布其养殖产品的质量安全风险隐患警示信息。经调查发现，养殖者使用白名单以外的投入品行为，并未违反现行法律法规的，仍公开发布质量安全风险隐患警示信息。通过依法查处、公开警示、教育宣传和社会监督等一系列措施，让广大水产养殖者只能购买使用正规水产养殖用兽药、饲料和饲料添加剂，逐步杜绝购买使用其他未批准产品，真正做到规范使用投入品。同时，推动正规水产养殖用兽药、饲料和饲料添加剂占领市场，以"良币"驱逐"劣币"。

下一步，农业农村部将尽快制定下发《水产养殖用投入品使用白名单制度工作规范（试行）》，说明如何查询水产养殖用投入品白名单内产品信息，规定《养殖水产品质量安全风险隐患警示信息公示》基本格式，以及信息公示有关工作要求，指导地方农业农村（渔业）部门和企业规范使用白名单投入品。

第三节 农用薄膜管理办法

2020年，农业农村部、工业和信息化部、生态环境部、市场监管总局联合印发了《农用薄膜管理办法》（以下简称《办法》）。下面对《办法》的出台背景、主要内容及特点进行介绍。

一、《办法》的出台背景

农用薄膜是重要的农业生产资料。我国农用薄膜覆盖面积大、应用范围广,在增加农作物产量、提高品质、丰富农产品供给等方面发挥了重要作用。但部分地区农用薄膜残留污染严重,成为制约农业绿色发展的突出环境问题。

党中央、国务院高度重视农用薄膜污染治理工作,对建立健全农用薄膜管理制度提出了明确要求。2019年1月1日起施行的《中华人民共和国土壤污染防治法》(以下简称《土壤污染防治法》)第三十条明确规定,农业投入品生产者、销售者和使用者应当及时回收农用薄膜,具体办法由国务院农业农村主管部门会同国务院生态环境等主管部门制定。根据中央决策部署和《土壤污染防治法》的要求,农业农村部会同工业和信息化部、生态环境部和市场监管总局依据现行法律法规,结合实际情况,研究制定了《办法》。

二、构建农用薄膜全程监管体系

《办法》最突出的特点就是遵循全链条监督管理的思路,构建了覆盖农用薄膜生产、销售、使用、回收等环节的监管体系。《办法》规定,地方各级人民政府依法对本行政区域农用薄膜污染防治负责,组织、协调、督促有关部门依法履行农用薄膜污染防治监督管理职责。县级以上人民政府农业农村主管部门负责农用薄膜使用、回收监督管理工作,为农用薄膜使用者提供技术指导和服务,指导农用薄膜回收利用体系建设,建立农用薄膜残留监测制度;县级以上人民政府工业和信息化主管部门负责农用薄膜生产指导工作,督促生产者依法依规执行好相关标准;县级以上人民政府市场监管部门负责农用薄膜产品质量监督管理工作,建立农用薄膜市场监管制度,定期开展农用薄膜质量监督检查;县级以上生态环境部门负责农用薄膜回收、再利用过程环境污染防治的监督管理工作。

三、农用薄膜生产、销售、使用环节的要求

为了便于农用薄膜产品追溯和市场监管,《办法》对生产者、

销售者、使用者在相关环节的行为作出了明确规定。一是生产者应当执行农用薄膜相关标准，在产品上添加企业标识，标明推荐使用时间，建立出厂销售记录制度。二是销售者应当依法查验农用薄膜产品的包装、标签、质量检验合格证，不得采购和销售未达到强制性国家标准的农用薄膜，不得将非农用薄膜销售给农用薄膜使用者，依法建立销售台账。三是使用者应当按照产品标签标注的期限使用农用薄膜，生产企业、专业合作社等使用者应当依法建立农用薄膜使用记录。

四、农用薄膜的回收利用

为落实不同主体的回收责任，《办法》规定，使用者应当在使用期限到期前捡拾田间的非全生物降解农用薄膜废弃物，交至回收网点或回收工作者，不得随意弃置、掩埋或者焚烧；生产者、销售者、回收网点、废旧农用薄膜回收再利用企业或其他组织等应当开展合作，采取多种方式，建立健全农用薄膜回收利用体系，推动废旧农用薄膜回收、处理和再利用。

为激励各方参与农用薄膜回收，完善回收利用的措施，《办法》提出，一是鼓励研发、推广农用薄膜回收技术与机械，因地制宜、多措并举开展废旧农膜回收再利用；二是鼓励和支持生产、使用全生物降解农用薄膜；三是支持废旧农用薄膜再利用企业按照规定，享受用地、用电、用水、信贷、税收等优惠政策，扶持从事废旧农用薄膜再利用的社会化服务组织和企业。

第四节 畜禽养殖粪污资源化利用

2020年，农业农村部办公厅、生态环境部办公厅联合印发《关于进一步明确畜禽粪污还田利用要求强化养殖污染监管的通知》（以下简称《通知》）。

一、出台《通知》的意义

畜禽粪肥还田利用是解决畜禽养殖污染问题的根本出路，也是治本之策。近年来，各地全面落实《国务院办公厅关于加快推进畜禽养殖废弃物资源化利用的意见》，以农用有机肥为主要利用方向，强化政策支持引导，加强实用技术推广，推动建立市场化机制，畜禽粪肥还田利用取得了阶段性成效。但是，我国种养主体分离，种地的不养猪，养猪的不种地，种养不匹配的问题普遍存在，畜禽粪肥还田利用"最后一公里"还没有完全打通。2019年12月，农业农村部办公厅、生态环境部办公厅联合印发了《关于促进畜禽粪污还田利用加强养殖污染治理的指导意见》，鼓励指导各地加快推进畜禽粪污资源化利用，畅通粪污还田渠道，加快畜禽养殖污染防治从重达标排放向重全量利用转变。为进一步明确粪污还田利用适用标准，落实养殖场户污染防治主体责任，强化畜禽养殖污染监管，切实提高畜禽养殖粪污资源化利用水平，制定了《通知》。

二、《通知》出台的总体考虑

一是党中央、国务院对畜禽废弃物资源化利用作出明确部署。近年来，我国畜牧业持续稳定发展，规模化养殖水平逐年提高，保障了肉蛋奶稳定供给，但部分畜禽粪污没有得到有效处理和利用，成为农村环境治理的一大难题。党中央、国务院高度重视畜禽粪污资源化利用工作。2017年5月，国办印发《关于加快推进畜禽养殖废弃物资源化利用的意见》。为深入贯彻落实党中央、国务院决策部署，亟须进一步明确畜禽粪污还田利用要求，科学有序推进粪污资源化利用工作。

二是进一步规范畜禽粪污资源化利用工作的需要。畜禽粪污资源化利用是畜禽养殖业污染防治最为经济有效的途径。目前，我国畜禽粪污综合利用率达到75%，规模养殖场粪污处理设施装备配套率达到93%，畜禽粪污资源化利用的步伐明显加快，有力促进了畜牧业生产与环境保护协调发展。但由于缺乏统一规范要求，各地在推进畜禽粪污资源化利用过程中执行标准不一，资源化利用不当而导致环境污染的现象时有发生。《通知》进一步明确了畜禽粪污资源化利用应遵循的技术规范与标准，为进一步规范畜禽粪污资源化利用提供具体指导。

三是畅通粪污还田利用渠道的有力保障。目前，我国畜禽粪污还田利用标准不完善，监管体系不健全，实际工作中还存在一些误区。在执行标准方面，将液体粪污作为肥料利用和作为灌溉水利用混为一谈，常常要求液体粪污必须达到《农田灌溉水质标准》（GB 5084—2021）后才能农田利用，极大地阻碍了畜禽粪污还田利用。由于对畜禽粪污资源化利用缺乏明确的监管执法依据，地方管理部门更加倾向选择易于监管的治理方式，也不利于畜禽粪污资源化利用工作的开展。《通知》明确了畜禽粪污还田应执行的标准以及将粪污处理和粪肥利用台账作为监督执法的重要依据，为畅通粪污还田渠道，同时防范环境风险提供了有力保障。

三、《通知》的主要内容

《通知》明确，国家鼓励畜禽粪污还田利用，支持养殖场户建设畜禽粪污处理和利用设施。已获得环评批复的规模养殖场如需由达标排放（含按农田灌溉水标准排放）变更为资源化利用（不含商业化沼气工程和商品有机肥生产），如在项目竣工环保验收前变更，按照非重大变动纳入竣工环境保护验收管理；在竣工环保验收后变更的，按照改建项目依法开展环评。

《通知》要求，畜禽粪污的处理应根据排放去向或利用方式的不同执行相应的标准规范。作为肥料利用应符合《畜禽粪便无害化处理技术规范》（GB/T 36195—2018）、《畜禽粪便还田技术规范》（GB/T 25246—2010）、《畜禽粪污土地承载力测算技术指南》。向环境排放的，应符合《畜禽养殖业污染物排放标准》（GB 18596—2001）和地方有关排放标准。用于农田灌溉的，应符合《农田灌溉水质标准》(GB 5084—2021)。

《通知》强调，各地要督促指导规模养殖场制定畜禽粪肥还田利用计划，推动建立畜禽粪污处理和粪肥利用台账。加强日常监测，严防还田环境风险。加快畜禽粪污资源化利用先进技术和装备研发，积极推广全量收集利用畜禽粪污、全量机械化施用等经济高效的粪污资源化利用技术模式。

四、养殖项目的粪污处理方式变更的环评程序

养殖项目的粪污处理方式变更，在环评管理中属于污染防治措施的变化，根据《中华人民共和国环境影响评价法》规定，这种变化属于重大变动的，应重新报批环评。2015年6月，环境保护部出台了《关于印发环评管理中部分行业建设项目重大变动清单的通知》，进一步细化了对重大变动的界定原则，并明确不属于重大变动的纳入竣工环境保护验收管理。养殖项目粪污处理方式由处理达标排放或灌溉变更为还田、非商业化的沼气和有机肥制造等资源化利用，均有相关管理规定，总体环境影响有限，统筹考虑应按照非重大变动管理，纳入竣工环境保护验收管理。但是，变更为大规模的商业化沼气工程和商品有机肥生产，将可能产生较大的生态环境影响，应按照相应项目类型依法开展环境影响评价，报有审批权的部门审批。同时，项目验收后，养殖项目粪污处理方式发生变更的，应当视为新的改建项目，按照改建项目的分类依法开展环境影响评价。

五、畜禽粪污经无害化处理后还田利用的标准和要求

一是畜禽粪污无害化处理应符合《畜禽粪便无害化处理技术规范》(GB/T 36195—2018)。为确保畜禽粪污处理后作为粪肥安全利用，要求液体粪肥的蛔虫卵、钩虫卵、粪大肠菌群数、蚊子苍蝇四项卫生学指标应符合《畜禽粪便无害化处理技术规范》(GB/T 36195—2018)规定的液体畜禽粪便厌氧处理卫生学要求。

二是畜禽粪污无害化处理后作为粪肥还田可参考《畜禽粪便

还田技术规范》（GB/T 25246—2010）的施用方法，选择适宜的施用时间。畜禽粪污处理和畜禽粪肥施用过程中，应采取必要措施，减少养分损失，减轻环境影响。

三是畜禽粪污还田配套土地面积应符合《畜禽粪污土地承载力测算技术指南》要求的面积。养殖场户应根据畜禽粪污所施农田的土壤状况、农林作物类型、种植制度等适时适量进行粪肥施用，合理确定畜禽粪肥施用量，不能过量施用畜禽粪肥。

六、畜禽粪污排放的标准和要求

粪污经处理后向环境排放应符合《畜禽养殖业污染物排放标准》（GB 18596—2001）和地方有关排放标准。养殖场户应根据不同工艺满足相应的最高允许排水量及最高允许日均排放浓度要求。必须设置废渣的固体储存设施和场所，且要有防止粪液渗漏、溢流措施。用于直接还田的畜禽粪便，必须进行无害化处理，且符合相应卫生学指标。恶臭污染物排放应执行臭气浓度标准。用于农田灌溉的，应符合《农田灌溉水质标准》（GB 5084—2021）和地方制定的严于该标准的相关控制项目。

七、养殖场户应承担的责任

一是畜禽养殖场户应切实履行粪污收集处理利用和污染防治主体责任，采取措施，对畜禽粪污进行科学处理和资源化利用，防止污染环境。对于自行处理利用畜禽粪污的，应建设与养殖规模匹配的粪污无害化处理设施并确保其正常运行；对于委托第三方代为实现粪污无害化处理和资源化利用的，应配套粪污收集和暂存设施设备，确保粪污在第三方收集期间的存储容积。

二是畜禽规模养殖场应建设粪污无害化处理和资源化利用设施并确保其正常运行。粪污贮存设施总容积不得低于当地农林作物生产用肥的最大间隔时间内产生粪污的总量，配套土地面积不得小于《畜禽粪污土地承载力测算技术指南》要求的最小面积；对于配套土地面积不足的，应委托第三方代为实现粪污资源化，或进行污水深度处理后达标排放。

三是规模养殖场应制定粪肥还田利用计划并建立台账。

应提前确定粪肥还田利用计划,根据养殖规模明确配套农田面积、农田类型、种植制度、粪肥施用时间及使用量等。同时需建立粪污处理和粪肥利用台账,及时记录粪污日处理量和粪肥施用时间、施用量与施肥方式等,确保台账数据真实准确。

八、各级农业农村、生态环境部门应承担的责任

一是农业农村部门应加强畜禽粪污还田技术指导和服务,指导建设粪污资源化利用配套设施等。鼓励养殖场户全量收集和利用畜禽粪污,根据实际情况选择合理的输送和施用方式。因地制宜,推行经济高效的粪污资源化利用技术模式,推广全量机械化施用。

二是农业农村部门应加强技术和装备支撑,包括畜禽粪污全量收集技术与装备,粪污高效输送、施用技术与装备的研发及推广,着力破除粪污资源化利用过程中的技术和成本障碍。

三是生态环境部门负责畜禽养殖污染防治的统一监督管理,应依据职责对畜禽养殖污染防治情况进行监督检查,并加强对畜禽养殖环境污染的监测。对于排放畜禽养殖废弃物不符合国家或者地方规定的污染物排放标准,或者未经无害化处理直接向环境排放畜禽养殖废弃物的,由县级以上生态环境部门依法作出处罚。

第六章 加快乡村基础建设，促进乡村宜居宜业

第一节 乡村基础设施建设

农村基础设施是为农村各项事业的发展及农民生活的改善提供公共产品和公共服务的各种设施的总称，作为农村公共产品的重要组成部分，其涉及农村的经济、社会、文化等方面。新时代，党和政府在农村基础设施建设方面出台的政策和意见大体可以分为以下3个方面。

一、加强农村信息基础设施建设

当前，大数据正快速发展为发现新知识、创造新价值、提升新能力的新一代信息技术和服务业态，已成为国家基础性战略资源，正成为推动我国经济转型发展的新动力、重塑国家竞争优势的新机遇和提升政府治理能力的新途径。农业农村是大数据产生和应用的重要领域之一，是我国大数据发展的基础和重要组成部分。随着信息化和农业现代化的深入推进，农业农村大数据正在与农业产业全面深度融合，逐渐成为农业生产的定位仪、农业市场的导航灯和农业管理的指挥棒，日益成为智慧农业的神经系统和推进农业现代化的关键要素。

2015年，农业部出台《关于推进农业农村大数据发展的实施意见》，提出要加快农村信息基础设施建设和宽带普及。加强现有信息采集网络的硬件设施配备，实现设施设备的升级换代。按

第六章　加快乡村基础建设，促进乡村宜居宜业

照共享共用、协作协同、分工分流的原则，推进建立完善的数据采集渠道和监测网络。强化云计算基础运行环境，提升通过传统方式和基于互联网等现代方式采集、处理农业农村大数据的支撑能力。未来5～10年内，实现农业数据的有序共享开放，初步完成农业数据化改造。2020年，农业农村部、中央网络安全和信息化委员会办公室联合印发了《数字农业农村发展规划（2019—2025年）》（以下简称《规划》），紧紧围绕推进数字技术与农业农村深度融合谋篇布局，提出了五方面的重点任务。一是构建农业农村基础数据资源体系。《规划》提出，要统筹建设农业自然资源、重要农业种质资源、农村集体资产、农村宅基地、农户和新型农业经营主体五类大数据，形成农业农村基础数据资源体系，为农业农村精准管理和服务提供有力支撑。二是加快生产经营数字化改造。《规划》提出，要推进种植业信息化，加快发展数字农情，构建病虫害测报监测网络和数字植保防御体系，建设数字田园。推进畜牧业智能化，建设数字养殖牧场，加快应用个体体征智能监测技术，推进养殖场数据直联直报。推进渔业智慧化，发展智慧水产养殖，升级改造渔船船用终端和数字化捕捞装备，建设渔港综合管理系统。推进种业数字化，挖掘与深度应用种业大数据，研发推广动植物表型信息获取技术装备，完善国家种业大数据平台功能。推进新业态多元化，鼓励发展众筹农业、定制农业等基于互联网的新业态，深化电子商务进农村综合示范，鼓励发展智慧休闲农业平台。推进质量安全管控全程化，推动农产品生产标准化、标识化、可溯化，普遍推行农户农资购买卡制度，构建投入品监管溯源与数据采集机制。三是推动管理服务数字化转型。《规划》提出，要建立健全农业农村管理决策支持技术体系，提高宏观管理的科学性。健全重要农产品全产业链监测预警体系，加强市场信息发布和服务，帮助农民解决"春天种什么对、秋天卖什么贵"等生产经营瓶颈问题。建设数字农业农村服务体系，开展农业生产性服务，建设一批农民创业创新中心，提升农民生产生活智慧化、便捷化水平。建立农村人居环境

智能监测体系，实现对农村污染物、污染源全时全程监测。建设乡村数字治理体系，推进乡村治理体系和治理能力现代化。四是强化关键技术装备创新。《规划》提出，要加强关键共性技术攻关，重点攻克农业生产环境、动植物生理体征智能感知与识别关键技术，突破动植物生理生态过程模拟技术，构建动植物表型的数字化表达及模拟模型，突破智能农机装备关键技术。强化战略性前沿性技术超前布局，加强农产品柔性加工、区块链+农业、人工智能、5G等新技术基础研究和攻关，形成一系列数字农业战略技术储备和产品储备。强化技术集成应用与示范，开展3S、智能感知、模型模拟、智能控制等技术及软硬件产品的集成应用和示范，熟化推广一批典型模式和范例。加强数字农业科技创新数据与平台集成与服务。加快农业人工智能研发应用，实施农业机器人发展战略，加强无人机智能化集成与应用示范。五是加强重大工程设施建设。《规划》提出，要实施国家农业农村大数据中心建设工程，重点建设国家农业农村云平台、国家农业农村大数据平台、国家农业农村政务信息系统3类项目，提高农业农村领域管理服务能力和科学决策水平。要实施农业农村天空地一体化观测体系建设工程，重点加强农业农村"天网"（农业农村天基观测网络）、"空网"（农业农村航空观测网络）、"地网"（农业物联网观测网络）建设，实现对农业生产和农村环境等全领域、全过程、全覆盖的实时动态观测。要实施国家数字农业农村创新工程，重点建设国家数字农业农村创新中心及专业分中心、重要农产品全产业链大数据、数字农业试点建设3类项目，打造数字农业农村综合服务平台。

2021年3月，新华社受权全文播发的《中华人民共和国国民经济和社会发展第十四个五年规划和2035年远景目标纲要》中提出，要加快建设新型基础设施。围绕强化数字转型、智能升级、融合创新支撑，布局建设信息基础设施、融合基础设施、创新基础设施等新型基础设施。建设高速泛在、天地一体、集成互联、安全高效的信息基础设施，增强数据感知、传输、存储和运算能力。加快 5G 网络规模化部署，用户普及率提高到 56%，推广升级千兆光纤网络。前瞻布局 6G 网络技术储备。扩容骨干网互联节点，新设一批国际通信出入口，全面推进互联网协议第六版（IPv6）商用部署。实施中西部地区中小城市基础网络完善工程。推动物联网全面发展，打造支持固移融合、宽窄结合的物联接入能力。加快构建全国一体化大数据中心体系，强化算力统筹智能调度，建设若干国家枢纽节点和大数据中心集群，建设 E 级和 10E 级超级计算中心。积极稳妥发展工业互联网和车联网。打造全球覆盖、高效运行的通信、导航、遥感空间基础设施体系，建设商业航天发射场。加快交通、能源、市政等传统基础设施数字化改造，加强泛在感知、终端联网、智能调度体系建设。发挥市场主导作用，打通多元化投资渠道，构建新型基础设施标准体系。

二、加大农村基础设施投融资

近年来，我国农村道路、供水、污水垃圾处理、供电、电信等基础设施建设步伐不断加快，生产生活条件逐步改善，但由于前期资金投入不足、融资渠道不畅等原因，农村基础设施总体上仍比较薄弱，与全面建成小康社会的要求还有较大差距。为创新农村基础设施投融资体制机制，加快农村基础设施建设步伐和管理水平，2017 年国办印发《关于创新农村基础设施投融资体制机制的指导意见》，主要包括以下内容。

一是完善农村公路建设养护机制。明确将农村公路建设、养护、管理机构运行经费及人员基本支出纳入一般公共财政预算。推广"建养一体化"模式，通过政府购买服务等方式，引入专业企业、社会资本建设和养护农村公路。鼓励采取出让公路冠名权、广告权等方式，筹资建设和养护农村公路。

二是加快农村供水设施产权制度改革。以政府投入为主兴建、规模较大的农村集中供水基础设施，由县级人民政府或其授权部门根据国家有关规定确定产权归属；以政府投入为主兴建、规模较小的农村供水基础设施，资产交由农村集体经济组织或农民用水合作组织所有；单户或联户农村供水基础设施，国家补助资金所形成的资产归受益农户所有；社会资本投资兴建的农村供水基础设施，所形成的资产归投资者所有，或依据投资者意愿确定产权归属。由产权所有者建立管护制度，落实管护责任。

三是理顺农村污水垃圾处理管理体制。探索建立农村污水垃圾处理统一管理体制，鼓励实施城乡生活污水"统一规划、统一建设、统一运行、统一管理"集中处理与农村污水"分户、联户、村组"分散处理相结合的模式，推动农村垃圾分类和资源化利用，推广建立村庄保洁制度。

四是积极推进农村电力管理体制改革。鼓励有条件的地区开展县级电网企业股份制改革试点。逐步向符合条件的市场主体放开增量配电网投资业务，赋予投资主体新增配电网的所有权和经营权。鼓励以混合所有制方式发展配电业务，通过公私合营模式引入社会资本参与农村电网改造升级及运营。

五是鼓励农村电信设施建设向民间资本开放。支持民间资本以资本入股、业务代理、网络代维等多种形式与基础电信企业开展合作，参与农村电信基础设施建设。加快推进东中部发达地区农村宽带接入市场向民间资本开放试点工作，逐步深化试点，鼓励和引导民间资本开展农村宽带接入网络建设和业务运营。

六是改进项目管理和绩效评价方式。建立涵盖需求决策、投资管理、建设运营等全过程、多层次的农村基础设施建设项目综合评价体系。对具备条件的项目，通过公开招标等多种方式选择专业化的第三方机构，参与项目前期论证、招投标、建设监理、效益评价等，建立绩效考核、监督激励和定期评价机制。

与此同时，必须牢固树立和贯彻落实创新、协调、绿色、开放、共享的发展理念，以加快补齐农村基础设施短板、推进城乡发展一体化为目标，以创新投融资体制机制为突破口，明确各级政府事权和投入责任，拓宽投融资渠道，优化投融资模式，加大建设投入，完善管护机制，全面提高农村基础设施建设和管理水平。

三、建设现代化基础设施体系

2013年到2021年的中央一号文件均提到加强农村基础设施建设，其中包括农村的饮用水问题、农村公路改造、农村电网升级、农村危房改造等方面。2021年3月，新华社受权全文播发的《中华人民共和国国民经济和社会发展第十四个五年规划和2035年远景目标纲要》中提出，统筹推进传统基础设施和新型基础设施建设，打造系统完备、高效实用、智能绿色、安全可靠的现代化基础设施体系。

第二节 提升农村公共服务水平

我国现行主要的农村公共服务供给包括农村公共医疗卫生、农村义务教育及农村公共文化。农村公共服务的有效供给一方面可以提高农村居民生产和生活的积极性，促进农村生产力的发展；另一方面能够改善农村居民的生活水平。因此农村公共服务的有效供给能够促进农村经济持续健康发展，是农村经济发展的基础之一。

一、农村公共医疗卫生

农村公共医疗卫生是建设健康中国的重要内容。2016年，国务院印发《"健康中国2030"规划纲要》提出，要"以农村和基层为重点，推动健康领域基本公共服务均等化，维护基本医疗卫生服务的公益性，逐步缩小城乡、地区、人群间基本健康服务和健康水平的差异，实现全民健康覆盖，促进社会公平"。党的十九大报告提出要实施健康中国战略，完善国民健康政策，为人民群众提供全方位全周期健康服务。新时期，加强农村公共卫生服务，对于推进健康中国建设、全面建成小康社会以及基本实现社会主义现代化具有重要现实意义。在农村公共卫生服务方面，国家出台了诸多政策，为农村公共卫生事业的发展和农村公共卫生服务的有效开展提供了制度保障，同时也基本形成了相对完善的农村公共卫生服务组织体系和实现城乡公共医疗服务均等化的基本途径。

一是乡村医生队伍建设。乡村医生是我国医疗卫生服务队伍的重要组成部分，是最贴近亿万农村居民的健康"守护人"，是发展农村医疗卫生事业、保障农村居民健康的重要力量。近年来，尽管各级政府都要求加强村级医疗卫生队伍建设，但乡村医生人员依然以每年5万的数量削减，与此同时，不少地区仍然在不断提升村医的执业要求和准入门槛，村卫生室人员短缺的问题长期得不到合理解决，使得在岗村医的任务越来越重。

二是农村公共卫生服务体系建设。村卫生室是农村三级卫生服务网的基础，承担着向农村居民提供基本医疗和基本公共卫生服务的任务，在农村防病治病中发挥着重要的作用。为进一步加强村卫生室管理，明确村卫生室的功能定位和服务范围，保障农村居民卫生服务利用的安全性、公平性和可及性，国家卫生计生委等五部委联合制定了《村卫生室管理办法（试行）》。该办法共分为8章52条，重点对村卫生室的功能任务、机构设置与审批、人员配备与管理、业务管理、财务管理、保障措施进行了明确和规范。

二、农村义务教育

自党的十八大以来，我国教育事业取得了历史性进展，总体发展水平跃居世界中上行列，九年义务教育巩固率达到95.4%（2021年），党中央把脱贫攻坚摆到治国理政的重要位置，教育扶贫的重要性也被一再强调。特别值得注意的是，最近几年，中央开始使用"乡村"概念，如"乡村教师支持计划"。"乡村"相较"农村"，排除了县镇所在的城关镇，指乡镇以下，这个概念的使用体现了精准扶贫的理念。党的十九大报告提出要"推动城乡义务教育一体化发展，高度重视农村义务教育"。这是对党的十八大以来教育工作的深化。农村学校是传播社会主义核心价值观和

第六章　加快乡村基础建设，促进乡村宜居宜业

文明生活方式的重要阵地，农村教育在乡村振兴中具有不可替代的作用，振兴乡村教育，关键是提高教育质量。

一是乡村教师队伍建设。发展农村义务教育，办好农村学校，关键在教师。乡村教师是农村义务教育发展中至关重要的一部分，针对乡村教师队伍建设过程中存在的问题，出台的政策主要包括以下几个方面：提高乡村教师的思想政治素质和师德水平；提高乡村教师生活待遇，统一城乡教职工编制标准；拓宽师资补充渠道。2020年9月，教育部、中央组织部、中央编办、国家发展改革委、财政部和人力资源社会保障部六部门印发《关于加强新时代乡村教师队伍建设的意见》（以下简称《意见》），聚焦短板弱项，有针对性地提出创新举措，在脱贫攻坚与乡村振兴有效衔接的大背景下，实现乡村教师可持续发展助力乡村振兴，推动实现公平而有质量的乡村教育。《意见》着力提高乡村教师综合素质，激发教师奉献乡村教育的内生动力，提升乡村教师职业发展力。要求加强师德师风建设，提升思想政治素质，厚植乡村教育情怀，发挥乡村教师新乡贤示范引领作用。要求创新教师教育模式，坚持以乡村教育需求为导向，加强定向公费培养，建强面向乡村学校的师范生委托培养院校。要求加强乡村教师培训，构建各级教师发展机构、教师专业发展基地学校和"三名"工作室五级一体化乡村教师专业发展体系。要求发挥5G、人工智能等新技术助推作用，深化师范生培养课程改革，实施中小学教师信息技术应用能力提升工程2.0，加强县域内教育资源公共服务平台建设。《意见》着力深化乡村教师管理改革，缓解乡村学校人才短缺问题，提升乡村教师职业供给力。坚持创新挖潜编制管理，鼓励地方探索建立教职工编制"周转池"制度，挖潜乡村教师编制配备，通过统筹配置和跨市县、跨学科等调整力度，调整乡村学校编制。坚持畅通城乡一体配置渠道，健全县域交流轮岗机制，深入推进"县管校聘"改革，同时完善双向交流轮岗机制，促进城乡一体流动。多种形式配备乡村教师，探索构建招聘、支教等多渠道并举，多层次人才到乡村任教的格局。坚持拓

展职业成长通道，职称评聘向乡村倾斜，允许乡村学校按照所教学科评聘职称，"定向评价、定向使用"。坚持乡村教育带头人培养，提升乡村校长队伍整体素质，全面实施中西部乡村中小学首席教师岗位计划。坚持创造多元发展空间，实施好"农村学校教育硕士师资培养计划"，教育系统"鹊桥计划"等政策。《意见》着力保障乡村教师地位待遇，让乡村教师享有应有的社会声望，提升乡村教师职业保障力。强调社会地位提升。建立联席会议制度，重点研究乡村教师队伍建设问题。为更多优秀乡村教师参与乡村治理、推动乡村振兴提供多种渠道。加大荣誉表彰和宣传推介力度，向乡村教师倾斜。强调工资待遇落实。确保平均工资收入水平不低于或高于当地公务员平均工资收入水平。完善绩效工资政策，对乡村小规模学校、寄宿制学校、民族地区、艰苦边远地区学校给予适当倾斜。全面落实集中连片特困地区乡村教师生活补助政策，依据学校艰苦边远程度实行差别化的补助标准。逐步完善乡村教师住房、医疗、救助等政策保障，不断提高乡村教师获得感。强调优化青年教师发展环境，促进专业成长，实施多种形式的乡村教师成长项目。丰富精神文化生活，引导青年教师主动融入乡村社会。

二是农村义务教育设施建设。加强农村义务教育设施建设主要是关于义务教育学校的布局、交通等方面。2016年7月，国务院印发《关于统筹推进县域内城乡义务教育一体化改革发展的若干意见》，明确提出"办好必要的乡村小规模学校"，"完善乡村小规模学校办学机制和管理办法"。2018年4月，国办印发《关于全面加强乡村小规模学校和乡镇寄宿制学校建设的指导意见》，对乡村小规模学校的发展提出了全面的指导性意见。2021年2月，中共中央、国务院发布《关于全面推进乡村振兴加快农业农村现代化的意见》，再次强调"保留并办好必要的乡村小规模学校"。

三是农村义务教育经费保障。为解决一些地方对村小学和教学点重视不够、经费保障政策落实不到位等问题，迫切需要提高村小学和教学点运转水平，落实地方责任，管好用好公用经

第六章　加快乡村基础建设，促进乡村宜居宜业

费，完善监察机制，提高使用效率。2020年，财政部办公厅、教育部办公厅联合发布了《关于进一步加强义务教育学校公用经费管理的通知》(以下简称《通知》)。《通知》指出，切实落实经费分担责任和管理责任。义务教育是教育工作的重中之重。为保障义务教育学校正常开展教育教学活动，各级财政按规定分担的公用经费必须及时足额到位。各地要切实提高认识，采取更加有力的监督约束措施，确保省以下各级财政分担公用经费的责任落实。省级财政、教育部门要督促指导市县财政、教育部门按照预算管理、国库集中支付、政府采购等相关财政改革要求，因地制宜适时优化完善本地区学校财务管理体制，按规定及时足额拨付义务教育学校公用经费，严禁滞拨缓拨经费，严禁挤占、挪用、截留、克扣经费。县级教育、财政部门要落实经费管理的主体责任，进一步强化义务教育学校预算和财务管理，规范公用经费使用，优化报销流程，保障学校合理用款需求，确保学校正常运转。《通知》明确，切实规范公用经费拨付管理。地方各级财政部门要严格按照财政国库管理的有关要求调度库款，纳入直达资金管理范围的资金严格执行直达资金管理有关规定。公用经费应按照国库集中支付制度有关规定，支付到最终收款方。县级财政、教育部门要督促指导学校加快公用经费预算执行进度，及时将有关直达资金支付信息导入直达资金监控系统，跟踪支出进度和流向。《通知》要求，切实强化义务教育学校预算财务管理。县级教育、财政部门要督促学校严格按照预算批复的资金规模和规定的标准执行，严把支出审核关，各项支出要据实列支，严禁虚列虚支、虚报冒领和挤占挪用。严禁统筹按基准定额核定的学校公用经费，在本地区集中开展信息化建设、教师培训等专项性工作。学校要进一步健全预算管理、财务管理、内部控制等制度，按规定编制学校年度预算，抓好预算执行，细化公用经费支出范围与标准，按照轻重缓急合理合规安排使用公用经费，并依法公开相关财务信息。严禁将公用经费用于人员经费、基本建设投资、偿还债务等方面支出。要进一步强化财务管理基础工作，

加强会计人员培训，提高财务管理和会计核算水平。《通知》提出，巩固完善经费监管工作机制。省级财政、教育部门要坚持问题导向，进一步巩固完善财政教育经费监管工作机制，定期对义务教育学校公用经费使用管理开展督查，并充分利用相关信息系统，动态跟踪公用经费拨付、使用等情况。进一步严肃财经纪律，加大问责力度，对预算下达不及时、缓拨滞拨资金的地区及时提醒，督促纠正；对挤占、挪用、截留、克扣公用经费的问题，依法依规依纪对有关责任人严肃处理。

四是关爱农村义务教育学生。深入推进义务教育均衡发展，要努力实现所有适龄儿童少年"上好学"，同时也关注义务教育阶段学生的营养问题。我国自 2011 年秋季学期起实施农村义务教育学生营养改善计划，对欠发达地区学生给予营养膳食补助，补助标准由中央统一制定。根据财政部、教育部通知，从 2021 年秋季学期起，农村义务教育学生营养膳食补助，国家基础标准由每生每天 4 元提高至 5 元，每生每年从 800 元提高至 1 000 元。

五是城乡优质均衡发展管理一体化。《国务院关于统筹推进县域内城乡义务教育一体化改革发展的若干意见》要求，通过城乡义务教育一体化、实施学区化集团化办学或学校联盟、均衡配置师资等方式，加大对薄弱学校和乡村学校的扶持力度。2018 年，印发《国务院办公厅关于全面加强乡村小规模学校和乡镇寄宿制学校建设的指导意见》，明确要求强化乡镇中心学校统筹、辐射和指导作用，推进乡镇中心学校和同乡镇的小规模学校一体化办学、协同式发展、综合性考评，实行中心学校校长负责制，将中心学校和小规模学校教师作为同一学校的教师"一并定岗、统筹使用、轮流任教"。

三、农村公共文化

改革开放以来特别是进入新世纪新阶段以来，我国农村改革持续向纵深推进，农民收入水平和生活水平快速提升，城乡居民收入差距逐步缩小，农村民生事业有了新的改善，农村社会保持和谐稳定,农民综合素质和农村社会文明程度明显提高。但在城乡二元结构体制下,大量农村人口向城市转移,大批青壮年劳动力外出打工,农村"留守儿童、留守妇女、留守老人"的"三留守"人员不断增加,城乡之间教育、医疗、养老、环境、文化等差距持续拉大。针对农村公共文化事业仍旧较为落后,无法满足农民群众日益增长的精神文化需求问题,党和政府提出了一系列的相关政策。

中央一号文件每年都会提到农村公共文化服务体系构建的问题。如2016年的中央一号文件提到"要全面加强农村公共文化服务体系建设,继续实施文化惠民项目。在农村建设基层综合性文化服务中心,整合基层宣传文化、党员教育、科学普及、体育健身等设施,整合文化信息资源共享、农村电影放映、农家书屋等项目,发挥基层文化公共设施整体效应。"2017年的中央一号文件提到,要"加强农村公共文化服务体系建设,统筹实施重点文化惠民项目,完善基层综合性文化服务设施,在农村地区深入开展送地方戏活动。支持重要农业文化遗产保护"。2021年,文化和旅游部发布的《"十四五"公共文化服务体系建设规划》中,提出了"十四五"时期高质量建设公共文化服务体系的四大具体目标。一是公共文化服务布局更加均衡。服务布局包括设施网络完善、资源配置优化、供给能力提升等诸多要素。服务布局均衡,重点是基层、农村公共文化服务的数量增加和质量提升,推动城乡公共文化服务体系一体发展跃上新台阶,这是"十四五"公共文化服务体系建设的首要任务。二是公共文化服务水平显著提升。中国社会进入高质量发展阶段,人民美好生活的新期待,要求基本公共文化服务向品质化迈进,同时有更多特色化、个性化、多样化的公共文化服务。提升服务水平是"十四五"公共文化服务高质量发展的主旋律。三是公共文化服务供给方式更加多元。重点是推动公共文化服务实现更加广泛、深入的社会化发展,既包括引导和鼓励更多社会力量参与公共文化服务,也包括有更多人民群众自我创造、自我表现的公共文化服务,政府、市场、社会共同参与的公共文化服务格局进一步走向完善。四是公共文化数字化网络化智能化发展取得新进展。这是公共文化服务扩大覆盖面、增强实效性的时代要求。我国的公共数字文化建设已经有了坚实基础，疫情防控期间公共文化服务"线下关门、线上开花"，更显著提升了全社会对公共数字文化重要性的认识。

第三节　整治提升农村人居环境

2021年，中办、国办印发了《农村人居环境整治提升五年行动方案（2021—2025年）》（以下简称《行动方案》），并发出通知，要求各地区各部门结合实际认真贯彻落实。

一、总体要求

（一）指导思想

以习近平新时代中国特色社会主义思想为指导，深入贯彻党的十九大和十九届二中、三中、四中、五中、六中全会精神，坚持以人民为中心的发展思想，践行绿水青山就是金山银山的理念，深入学习推广浙江"千村示范、万村整治"工程经验，以农村厕所革命、生活污水垃圾治理、村容村貌提升为重点，巩固拓展农村人居环境整治三年行动成果，全面提升农村人居环境质量，为全面推进乡村振兴、加快农业农村现代化、建设美丽中国提供有力支撑。

（二）工作原则

1. 坚持因地制宜，突出分类施策

同区域气候条件和地形地貌相匹配，同地方经济社会发展能力和水平相适应，同当地文化和风土人情相协调，实事求是、自下而上、分类确定治理标准和目标任务，坚持数量服从质量、进

第六章 加快乡村基础建设，促进乡村宜居宜业

度服从实效，求好不求快，既尽力而为，又量力而行。

2. 坚持规划先行，突出统筹推进

树立系统观念，先规划后建设，以县域为单位统筹推进农村人居环境整治提升各项重点任务，重点突破和综合整治、示范带动和整体推进相结合，合理安排建设时序，实现农村人居环境整治提升与公共基础设施改善、乡村产业发展、乡风文明进步等互促互进。

3. 坚持立足农村，突出乡土特色

遵循乡村发展规律，体现乡村特点，注重乡土味道，保留乡村风貌，留住田园乡愁。坚持农业农村联动、生产生活生态融合，推进农村生活污水垃圾减量化、资源化、循环利用。

4. 坚持问需于民，突出农民主体

充分体现乡村建设为农民而建，尊重村民意愿，激发内生动力，保障村民知情权、参与权、表达权、监督权。坚持地方为主，强化地方党委和政府责任，鼓励社会力量积极参与，构建政府、市场主体、村集体、村民等多方共建共管格局。

5. 坚持持续推进，突出健全机制

注重与农村人居环境整治三年行动相衔接，持续发力、久久为功，积小胜为大成。建管用并重，着力构建系统化、规范化、长效化的政策制度和工作推进机制。

（三）行动目标

到 2025 年，农村人居环境显著改善，生态宜居美丽乡村建设取得新进步。农村卫生厕所普及率稳步提高，厕所粪污基本得到有效处理；农村生活污水治理率不断提升，乱倒乱排得到管控；农村生活垃圾无害化处理水平明显提升，有条件的村庄实现生活垃圾分类、源头减量；农村人居环境治理水平显著提升，长效管护机制基本建立。

东部地区、中西部城市近郊区等有基础、有条件的地区，全面提升农村人居环境基础设施建设水平，农村卫生厕所基本普

及，农村生活污水治理率明显提升，农村生活垃圾基本实现无害化处理并推动分类处理试点示范，长效管护机制全面建立。

中西部有较好基础、基本具备条件的地区，农村人居环境基础设施持续完善，农村户用厕所愿改尽改，农村生活污水治理率有效提升，农村生活垃圾收运处置体系基本实现全覆盖，长效管护机制基本建立。

地处偏远、经济欠发达的地区，农村人居环境基础设施明显改善，农村卫生厕所普及率逐步提高，农村生活污水垃圾治理水平有新提升，村容村貌持续改善。

二、具体内容

（一）扎实推进农村厕所革命

1. 逐步普及农村卫生厕所

新改户用厕所基本入院，有条件的地区要积极推动厕所入室，新建农房应配套设计建设卫生厕所及粪污处理设施设备。重点推动中西部地区农村户厕改造。合理规划布局农村公共厕所，加快建设乡村景区旅游厕所，落实公共厕所管护责任，强化日常卫生保洁。

2. 切实提高改厕质量

科学选择改厕技术模式，宜水则水、宜旱则旱。技术模式应至少经过一个周期试点试验，成熟后再逐步推开。严格执行标准，把标准贯穿于农村改厕全过程。在水冲式厕所改造中积极推广节水型、少水型水冲设施。加快研发干旱和寒冷地区卫生厕所适用技术和产品。加强生产流通领域农村改厕产品质量监管，把好农村改厕产品采购质量关，强化施工质量监管。

3. 加强厕所粪污无害化处理与资源化利用

加强农村厕所革命与生活污水治理有机衔接，因地制宜推进厕所粪污分散处理、集中处理与纳入污水管网统一处理，鼓励联户、联村、村镇一体处理。鼓励有条件的地区积极推动卫生厕所改造与生活污水治理一体化建设,暂时无法同步建设的应为后期建设预留空间。积极推进农村厕所粪污资源化利用,统筹使用畜禽粪污资源化利用设施设备,逐步推动厕所粪污就地就农消纳、综合利用。

(二)加快推进农村生活污水治理

1. 分区分类推进治理

优先治理京津冀、长江经济带、粤港澳大湾区、黄河流域及水质需改善控制单元等区域,重点整治水源保护区和城乡接合部、乡镇政府驻地、中心村、旅游风景区等人口居住集中区域农村生活污水。开展平原、山地、丘陵、缺水、高寒和生态环境敏感等典型地区农村生活污水治理试点,以资源化利用、可持续治理为导向,选择符合农村实际的生活污水治理技术,优先推广运行费用低、管护简便的治理技术,鼓励居住分散地区探索采用人工湿地、土壤渗滤等生态处理技术,积极推进农村生活污水资源化利用。

2. 加强农村黑臭水体治理

摸清全国农村黑臭水体底数,建立治理台账,明确治理优先序。开展农村黑臭水体治理试点,以房前屋后河塘沟渠和群众反映强烈的黑臭水体为重点,采取控源截污、清淤疏浚、生态修复、水体净化等措施综合治理,基本消除较大面积黑臭水体,形成一批可复制可推广的治理模式。鼓励河长制湖长制体系向村级延伸,建立健全促进水质改善的长效运行维护机制。

(三)全面提升农村生活垃圾治理水平

1. 健全生活垃圾收运处置体系

根据当地实际,统筹县乡村三级设施建设和服务,完善农村生活垃圾收集、转运、处置设施和模式,因地制宜采用小型化、分散化的无害化处理方式,降低收集、转运、处置设施建设和运行成本,构建稳定运行的长效机制,加强日常监督,不断提高运行管理水平。

2. 推进农村生活垃圾分类减量与利用

加快推进农村生活垃圾源头分类减量，积极探索符合农村特点和农民习惯、简便易行的分类处理模式，减少垃圾出村处理量，有条件的地区基本实现农村可回收垃圾资源化利用、易腐烂垃圾和煤渣灰土就地就近消纳、有毒有害垃圾单独收集贮存和处置、其他垃圾无害化处理。有序开展农村生活垃圾分类与资源化利用示范县创建。协同推进农村有机生活垃圾、厕所粪污、农业生产有机废弃物资源化处理利用，以乡镇或行政村为单位建设一批区域农村有机废弃物综合处置利用设施，探索就地就近就农处理和资源化利用的路径。扩大供销合作社等农村再生资源回收利用网络服务覆盖面，积极推动再生资源回收利用网络与环卫清运网络合作融合。协同推进废旧农膜、农药肥料包装废弃物回收处理。积极探索农村建筑垃圾等就地就近消纳方式，鼓励用于村内道路、入户路、景观等建设。

（四）推动村容村貌整体提升

1. 改善村庄公共环境

全面清理私搭乱建、乱堆乱放，整治残垣断壁，通过集约利用村庄内部闲置土地等方式扩大村庄公共空间。科学管控农村生产生活用火，加强农村电力线、通信线、广播电视线"三线"维护梳理工作，有条件的地方推动线路违规搭挂治理。健全村庄应急管理体系，合理布局应急避难场所和防汛、消防等救灾设施设备，畅通安全通道。整治农村户外广告，规范发布内容和设置行为。关注特殊人群需求，有条件的地方开展农村无障碍环境建设。

2. 推进乡村绿化美化

深入实施乡村绿化美化行动，突出保护乡村山体田园、河湖湿地、原生植被、古树名木等，因地制宜开展荒山荒地荒滩绿化，加强农田（牧场）防护林建设和修复。引导鼓励村民通过栽植果蔬、花木等开展庭院绿化,通过农村"四旁"(水旁、路旁、村旁、宅旁)植树推进村庄绿化,充分利用荒地、废弃地、边角地等开展村庄小微公园和公共绿地建设。支持条件适宜地区开展森林乡村建设,实施水系连通及水美乡村建设试点。

3. 加强乡村风貌引导

大力推进村庄整治和庭院整治,编制村容村貌提升导则,优化村庄生产生活生态空间,促进村庄形态与自然环境、传统文化相得益彰。加强村庄风貌引导,突出乡土特色和地域特点,不搞千村一面,不搞大拆大建。弘扬优秀农耕文化,加强传统村落和历史文化名村名镇保护,积极推进传统村落挂牌保护,建立动态管理机制。

(五)建立健全长效管护机制

1. 持续开展村庄清洁行动

大力实施以"三清一改"(清理农村生活垃圾、清理村内塘沟、清理畜禽养殖粪污等农业生产废弃物,改变影响农村人居环境的不良习惯)为重点的村庄清洁行动,突出清理死角盲区,由"清脏"向"治乱"拓展,由村庄面上清洁向屋内庭院、村庄周边拓展,引导农民逐步养成良好卫生习惯。结合风俗习惯、重要节日等组织村民清洁村庄环境,通过"门前三包"等制度明确村民责任,有条件的地方可以设立村庄清洁日等,推动村庄清洁行动制度化、常态化、长效化。

2. 健全农村人居环境长效管护机制

明确地方政府和职责部门、运行管理单位责任,基本建立有制度、有标准、有队伍、有经费、有监督的村庄人居环境长效管护机制。利用好公益性岗位,合理设置农村人居环境整治管护队伍,优先聘用符合条件的农村低收入人员。明确农村人居环境基础设施产权归属,建立健全设施建设管护标准规范等制度,推动农村厕所、生活污水垃圾处理设施设备和村庄保洁等一体化运行管护。有条件的地区可以依法探索建立农村厕所粪污清掏、农村生活污水垃圾处理农户付费制度，以及农村人居环境基础设施运行管护社会化服务体系和服务费市场化形成机制，逐步建立农户合理付费、村级组织统筹、政府适当补助的运行管护经费保障制度，合理确定农户付费分担比例。

（六）充分发挥农民主体作用

1. 强化基层组织作用

充分发挥农村基层党组织领导作用和党员先锋模范作用，在农村人居环境建设和整治中深入开展美好环境与幸福生活共同缔造活动；进一步发挥共青团、妇联、少先队等群团组织作用，组织动员村民自觉改善农村人居环境。健全党组织领导的村民自治机制，村级重大事项决策实行"四议两公开"，充分运用"一事一议"筹资筹劳等制度，引导村集体经济组织、农民合作社、村民等全程参与农村人居环境相关规划、建设、运营和管理。实行农村人居环境整治提升相关项目公示制度。鼓励通过政府购买服务等方式，支持有条件的农民合作社参与改善农村人居环境项目。引导农民或农民合作组织依法成立各类农村环保组织或企业，吸纳农民承接本地农村人居环境改善和后续管护工作。以乡情乡愁为纽带吸引个人、企业、社会组织等，通过捐资捐物、结对帮扶等形式支持改善农村人居环境。

2. 普及文明健康理念

发挥爱国卫生运动群众动员优势，加大健康宣传教育力度，普及卫生健康和疾病防控知识，倡导文明健康、绿色环保的生活方式，提高农民健康素养。把转变农民思想观念、推行文明健康生活方式作为农村精神文明建设的重要内容，把使用卫生厕所、做好垃圾分类、养成文明习惯等纳入学校、家庭、社会教育，广泛开展形式多样、内容丰富的志愿服务。将改善农村人居环境纳入各级农民教育培训内容。持续推进城乡环境卫生综合整治，深入开展卫生创建，大力推进健康村镇建设。

3. 完善村规民约

鼓励将村庄环境卫生等要求纳入村规民约，对破坏人居环境行为加强批评教育和约束管理，引导农民自我管理、自我教育、自我服务、自我监督。倡导各地制定公共场所文明公约、社区噪声控制规约。深入开展美丽庭院评选、环境卫生红黑榜、积分兑换等活动，提高村民维护村庄环境卫生的主人翁意识。

三、政策和保障

（一）加大政策支持力度

1. 加强财政投入保障

完善地方为主、中央适当奖补的政府投入机制，继续安排中央预算内投资，按计划实施农村厕所革命整村推进财政奖补政策，保障农村环境整治资金投入。地方各级政府要保障农村人居环境整治基础设施建设和运行资金，统筹安排土地出让收入用于改善农村人居环境，鼓励各地通过发行地方政府债券等方式用于符合条件的农村人居环境建设项目。县级可按规定统筹整合改善农村人居环境相关资金和项目，逐村集中建设。通过政府和社会资本合作等模式，调动社会力量积极参与投资收益较好、市场化程度较高的农村人居环境基础设施建设和运行管护项目。

2. 创新完善相关支持政策

做好与农村宅基地改革试点、农村乱占耕地建房专项整治等政策衔接，落实农村人居环境相关设施建设用地、用水用电保障和税收减免等政策。在严守耕地和生态保护红线的前提下，优先保障农村人居环境设施建设用地，优先利用荒山、荒沟、荒丘、荒滩开展农村人居环境项目建设。引导各类金融机构依法合规对改善农村人居环境提供信贷支持。落实村庄建设项目简易审批有关要求。鼓励村级组织和乡村建设工匠等承接农村人居环境小型工程项目，降低准入门槛，具备条件的可采取以工代赈等方式。

3. 推进制度规章与标准体系建设

鼓励各地结合实际开展地方立法，健全村庄清洁、农村生活污水垃圾处理、农村卫生厕所管理等制度。加快建立农村人居环境相关领域设施设备、建设验收、运行管护、监测评估、管理服务等标准，抓紧制定修订相关标准。大力宣传农村人居环境相关标准，提高全社会的标准化意识，增强政府部门、企业等依据标准开展工作的主动性。依法开展农村人居环境整治相关产品质量安全监管，创新监管机制，适时开展抽检，严守质量安全底线。

4. 加强科技和人才支撑

将改善农村人居环境相关技术研究创新列入国家科技计划重点任务。加大科技研发、联合攻关、集成示范、推广应用等力度，鼓励支持科研机构、企业等开展新技术新产品研发。围绕绿色低碳发展，强化农村人居环境领域节能节水降耗、资源循环利用等技术产品研发推广。加强农村人居环境领域国际合作交流。举办农村人居环境建设管护技术产品展览展示。加强农村人居环境领域职业教育，强化相关人才队伍建设和技能培训。继续选派规划、建筑、园艺、环境等行业相关专业技术人员驻村指导。推动全国农村人居环境管理信息化建设，加强全国农村人居环境监测，定期发布监测报告。

（二）强化组织保障

1. 加强组织领导

把改善农村人居环境作为各级党委和政府的重要职责，结合乡村振兴整体工作部署，明确时间表、路线图。健全中央统筹、省负总责、市县乡抓落实的工作推进机制。中央农办统筹改善农村人居环境工作，协调资金、资源、人才支持政策，督促推动重点工作任务落实。有关部门要各司其职、各负其责，密切协作配合，形成工作合力，及时出台配套支持政策。省级党委和政府要定期研究本地区改善农村人居环境工作，抓好重点任务分工、重大项目实施、重要资源配置等工作。市级党委和政府要做好上下衔接、域内协调、督促检查等工作。县级党委和政府要做好组织实施工作，主要负责同志当好一线指挥，选优配强一线干部队伍。将国有和乡镇农（林）场居住点纳入农村人居环境整治提升范围统筹考虑、同步推进。

2. 加强分类指导

顺应村庄发展规律和演变趋势，优化村庄布局，强化规划引领，合理确定村庄分类，科学划定整治范围，统筹考虑主导产业、人居环境、生态保护等村庄发展。集聚提升类村庄重在完善人居环境基础设施，推动农村人居环境与产业发展互促互进，提升建设管护水平，保护保留乡村风貌。城郊融合类村庄重在加快实现城乡人居环境基础设施共建共享、互联互通。特色保护类村庄重在保护自然历史文化特色资源、尊重原住居民生活形态和生活习惯，加快改善人居环境。"空心村"、已经明确的搬迁撤并类村庄不列入农村人居环境整治提升范围，重在保持干净整洁，保障现有农村人居环境基础设施稳定运行。对一时难以确定类别的村庄，可暂不作分类。

3. 完善推进机制

完善以质量实效为导向、以农民满意为标准的工作推进机制。在县域范围开展美丽乡村建设和美丽宜居村庄创建推介，示范带动整体提升。坚持先建机制、后建工程，鼓励有条件的地区推行系统化、专业化、社会化运行管护，推进城乡人居环境基础设施统筹谋划、统一管护运营。通过以奖代补等方式，引导各方积极参与，避免政府大包大揽。充分考虑基层财力可承受能力，合理确定整治提升重点，防止加重村级债务。

4. 强化考核激励

将改善农村人居环境纳入相关督查检查计划，检查结果向党中央、国务院报告，对改善农村人居环境成效明显的地方持续实施督查激励。将改善农村人居环境作为各省（自治区、直辖市）实施乡村振兴战略实绩考核的重要内容。继续将农业农村污染治理存在的突出问题列入中央生态环境保护督察范畴，强化农业农村污染治理突出问题监督。各省（自治区、直辖市）要加强督促检查，并制定验收标准和办法，到2025年底以县为单位进行检查验收，检查结果与相关支持政策直接挂钩。完善社会监督机制，广泛接受社会监督。中央农办按照国家有关规定对真抓实干、成效显著的单位和个人进行表彰，对改善农村人居环境突出的地区予以通报表扬。

5. 营造良好舆论氛围

总结宣传一批农村人居环境改善的经验做法和典型范例。将改善农村人居环境纳入公益性宣传范围，充分借助广播电视、报纸杂志等传统媒体，创新利用新媒体平台，深入开展宣传报道。加强正面宣传和舆论引导，编制创作群众喜闻乐见的解读材料和文艺作品，增强社会公众认知，及时回应社会关切。

第四节 数字农业农村发展规划

2020年，农业农村部、中央网络安全和信息化委员会办公室联合印发了《数字农业农村发展规划（2019—2025年）》（以下简称《规划》）。

一、《规划》出台的背景意义

习近平总书记强调，要推动互联网、大数据、人工智能和实体经济深度融合，加快推动农业数字化、网络化、智能化。《中共中央、国务院关于实施乡村振兴战略的意见》《数字经济发展战略纲要》提出，要大力发展数字农业，实施数字乡村战略，推动农业数字化转型。

为贯彻落实中央决策部署，加快推动农业农村生产经营精准化、管理服务智能化、乡村治理数字化，农业农村部、中央网络安全和信息化委员会办公室深入开展调查研究，听取各方面意见建议，研究编制了《规划》，提出了新时期推进数字农业农村建设的总体思路、发展目标和重点任务，描绘了数字农业农村建设的发展蓝图。

《规划》是指导今后一个时期数字农业农村建设的纲领性文件。《规划》的印发实施,顺应了数字化发展新趋势,契合了亿万农民群众的新期待,突出了数字农业农村建设的战略地位,对加快建设数字中国、弥合城乡"数字鸿沟"、培育乡村振兴新动能、抢占全球农业制高点,具有十分重要的意义。

二、数字农业农村建设的发展思路和目标

《规划》对今后一个时期数字农业农村建设作出了系统安排,既有路线图,又有时间表。

《规划》明确了今后一段时期数字农业建设的发展思路,提出要以产业数字化、数字产业化为发展主线,以数字技术与农业农村经济深度融合为主攻方向,以数据为关键生产要素,着力建设基础数据资源体系,加强数字生产能力建设,加快农业农村生产经营、管理服务数字化改造,强化关键技术装备创新和重大工程设施建设,推动政府信息系统和公共数据互联开放共享,全面提升农业农村生产智能化、经营网络化、管理高效化、服务便捷化水平,用数字化引领驱动农业农村现代化,为实现乡村全面振兴提供有力支撑。

《规划》提出了数字农业农村发展目标。在总体目标上,《规划》提出,到2025年,数字农业农村建设取得重要进展,有力支撑数字乡村战略实施;农业农村数据采集体系建立健全,基本建成"一个网络""一个体系""一个平台",即天空地一体化观测网络、农业农村基础数据资源体系和农业农村云平台;数字技术与农业产业体系、生产体系、经营体系加快融合,农业生产经营数字化转型取得明显进展,管理服务数字化水平明显提升,农业数字经济比重大幅提升,乡村数字治理体系日趋完善。在具体指标上,细化总体目标要求,提出了3个关键性指标,使《规划》目标可衡量可落实。即农业数字经济占农业增加值比重由2018年的7.3%提升至2025年的15%,农产品网络零售额占农

产品总交易额比重由2018年的9.8%提升至2025年的15%，农村互联网普及率由2018年的38.4%大幅提升至2025年的70%。

三、数字农业农村建设的重点任务

《规划》面向乡村振兴的重大需求，面向现代农业建设主战场，紧紧围绕推进数字技术与农业农村深度融合谋篇布局，提出了五方面的重点任务。

一是构建农业农村基础数据资源体系。《规划》提出，要统筹建设农业自然资源、重要农业种质资源、农村集体资产、农村宅基地、农户和新型农业经营主体五类大数据，形成农业农村基础数据资源体系，为农业农村精准管理和服务提供有力支撑。

二是加快生产经营数字化改造。《规划》提出，要推进种植业信息化，加快发展数字农情，构建病虫害测报监测网络和数字植保防御体系，建设数字田园。推进畜牧业智能化，建设数字养殖牧场，加快应用个体体征智能监测技术，推进养殖场数据直联直报。推进渔业智慧化，发展智慧水产养殖，升级改造渔船船用终端和数字化捕捞装备，建设渔港综合管理系统。推进种业数字化，挖掘与深度应用种业大数据，研发推广动植物表型信息获取技术装备，完善国家种业大数据平台功能。推进新业态多元化，鼓励发展众筹农业、定制农业等基于互联网的新业态，深化电子商务进农村综合示范，鼓励发展智慧休闲农业平台。推进质量安全管控全程化，推动农产品生产标准化、标识化、可溯化，普遍推行农户农资购买卡制度，构建投入品监管溯源与数据采集机制。

三是推动管理服务数字化转型。《规划》提出，要建立健全农业农村管理决策支持技术体系，提高宏观管理的科学性。健全重要农产品全产业链监测预警体系，加强市场信息发布和服务，帮助农民解决"春天种什么对、秋天卖什么贵"等生产经营瓶颈问题。建设数字农业农村服务体系，开展农业生产性服务，建设一批农民创业创新中心，提升农民生产生活智慧化、便捷化水平。建立农村人居环境智能监测体系,实现对农村污染物、污染源全时全程监测。建设乡村数字治理体系,推进乡村治理体系和治理能力现代化。

四是强化关键技术装备创新。《规划》提出,要加强关键共性技术攻关,重点攻克农业生产环境、动植物生理体征智能感知与识别关键技术,突破动植物生理生态过程模拟技术,构建动植物表型的数字化表达及模拟模型,突破智能农机装备关键技术。强化战略性前沿性技术超前布局,加强农产品柔性加工、区块链+农业、人工智能、5G等新技术基础研究和攻关,形成一系列数字农业战略技术储备和产品储备。强化技术集成应用与示范,开展3S、智能感知、模型模拟、智能控制等技术及软硬件产品的集成应用和示范,熟化推广一批典型模式和范例。加强数字农业科技创新数据与平台集成与服务。加快农业人工智能研发应用,实施农业机器人发展战略,加强无人机智能化集成与应用示范。

五是加强重大工程设施建设。《规划》提出,要实施国家农业农村大数据中心建设工程,重点建设国家农业农村云平台、国家农业农村大数据平台、国家农业农村政务信息系统3类项目,提高农业农村领域管理服务能力和科学决策水平。要实施农业农村天空地一体化观测体系建设工程,重点加强农业农村"天网"(农业农村天基观测网络)、"空网"(农业农村航空观测网络)、"地网"(农业物联网观测网络)建设,实现对农业生产和农村环境等全领域、全过程、全覆盖的实时动态观测。要实施国家数字农业农村创新工程,重点建设国家数字农业农村创新中心及专业分中心、重要农产品全产业链大数据、数字农业试点建设3类项目,打造数字农业农村综合服务平台。

四、数字农业农村建设的保障措施

(一)加强组织领导

在国家数字乡村建设发展统筹协调机制框架下,农业农村部、中央网信办会同有关部门，统筹推进数字农业农村建设工作，研究重大政策、重大问题和重点工作安排，跟踪和督促规划各项任务落实。建立规划实施和工作推进机制，加强政策衔接和工作协调。各地要结合发展实际，制定规划实施方案，细化政策措施，统筹推进本地区数字农业农村建设。各级农业农村主管部门要将数字化理念融入农业农村工作全过程，加快工作流程数字化改造，构建数字农业农村发展的管理体系。依托农业农村信息化专家咨询委员会，加强数字农业农村建设指导，为科学决策和工程实施提供智力支持。建立农业农村信息化发展水平监测评价机制，开展定期监测。

（二）加大政策支持

各地要加大数字农业农村发展投入力度，探索政府购买服务、政府与社会资本合作、贷款贴息等方式，吸引社会力量广泛参与，引导工商资本、金融资本投入数字农业农村建设。优先安排数字农业农村重大基础设施建设项目用地，对符合条件的数字农业专用设备和农业物联网设备按照相关规定享受补贴。推进农业农村领域"放管服"改革，优化管理服务流程，营造良好发展环境。积极支持和培育壮大农业农村数字产业化主体。

（三）强化数据采集管理

巩固和提升现有监测统计渠道，完善原始数据采集、传输、汇总、管理、应用基础设施，强化数据挖掘、分析、应用能力建设，建立健全农业农村数据采集体系。利用地面观测、传感器、遥感和地理信息技术等，实时采集农业生产环境、生产设施和动植物本体感知数据。开展互联网数据挖掘，采取政府购买服务等方式获取企业和社会数据，推进线下数据、线上数据连通融合。在符合有关法律法规的前提下，积极整合各类农业农村数据资源，依托农业农村大数据平台，实现数据统一管理和在线共享。研究出台数据共享开放政策和管理规范，制定农业农村大数据资源共享开放目录清单,逐步推进各单位之间、涉农部门之间、中央与地方之间数据共建共享。除国家规定的涉密数据外,加快推进农业农村数据资源协同管理和融合,逐步向社会开放共享。

(四)强化科技人才支撑

建立数字农业农村科技创新体系,将数字农业农村科技攻关作为国家重大专项和重点研发计划的支持重点,建立现代农业产业技术体系数字农业农村科技创新团队。协同发挥科研机构、高校、企业等各方作用,培养造就一批数字农业农村领域科技领军人才、工程师和高水平管理团队。加强数字农业农村业务培训,开展数字农业农村领域人才下乡活动,普及数字农业农村相关知识,提高"三农"干部、新型经营主体、高素质农民的数字技术应用和管理水平。建立科学的人才评价激励制度,充分发挥人才积极性、主动性。

第五节 扩大农业农村有效投资

2020年,中央农办、农业农村部、国家发展改革委、财政部、人民银行、银保监会、证监会7个部门联合印发了《关于扩大农业农村有效投资 加快补上"三农"领域突出短板的意见》(以下简称《意见》)。

一、《意见》的背景和重要意义

受宏观环境变化等多种因素影响,2015年以来第一产业固定资产投资增速逐年下滑。2019年以来,更是一改以往"领跑"态势,投资增速持续下降,甚至出现了连续8个月的负增长,全年增速只有0.6%,明显低于第二、第三产业。2020年,突发的新冠肺炎疫情对农业农村投资造成了较大冲击,一季度第一产业固定资产投资降幅13.8%,其中占比最大的民间投资同比下降16.9%,后续跌幅虽然逐步收窄,但下降趋势仍未得到根本遏制。

这个势头持续下去，与农业稳产保供和农民增收的要求不适应，与补上全面小康"三农"突出短板的任务不匹配，与推进乡村全面振兴的要求不相称。

党中央、国务院高度重视扩大农业农村有效投资工作。习近平总书记多次作出重要指示，强调要坚持农业农村优先发展，健全多元投入保障机制。李克强总理明确要求采取有效措施扩大农业农村有效投资。2020年是全面建成小康社会目标实现之年，是全面打赢脱贫攻坚战收官之年，新冠肺炎疫情给农业农村带来意想不到的冲击。做好"六稳"工作、落实"六保"任务，补上全面小康"三农"领域突出短板，克服新冠肺炎疫情带来的不利影响，确保粮食安全和重要副食品供给、稳住农业基本盘，必须切实扩大农业农村有效投资，这也是当前稳投资、扩内需的重要内容。

《意见》坚持以习近平新时代中国特色社会主义思想为指导，统筹推进新冠肺炎疫情防控和经济社会发展，坚持农业农村优先发展，坚持"藏粮于地、藏粮于技"，对标实施乡村振兴战略，立足当前、着眼长远，围绕加强农业农村基础设施建设和防灾减灾能力建设，实施一批牵引性强、有利于生产消费"双升级"的现代农业农村重大工程项目，千方百计扩大农业农村有效投资规模，健全投入机制，拓宽投资渠道，优化投资环境，激发各类投资主体活力，千方百计扩大农业农村有效投资规模，努力构建财政优先保障、金融重点倾斜、社会积极参与的多元化投入格局，推动农业优结构、增后劲，把农业基础打得更牢，把"三农"领域短板补得更实，守住"三农"战略后院，为维护经济发展和社会稳定大局提供坚实支撑。

二、"三农"补短板的重点领域

对标全面建成小康社会和乡村振兴战略实施，农业农村建设还存在明显的薄弱环节。特别是在以下几个方面：农业生产基础支撑还不牢固，低产田还有4亿亩、占到耕地面积的22%；农产

第六章 加快乡村基础建设，促进乡村宜居宜业

品加工转化率还不高，农产品加工业与农业产值之比仅为 2.3∶1，而发达国家普遍在 4∶1 以上，分拣、仓储、烘干、保鲜、包装等设施明显不足，水果、蔬菜等产后损耗率高达 20%；农村公共基础设施建设较为薄弱，农村道路、供水和污水处理、人居环境整治等方面欠账较多，82.6% 的村生活污水未得到集中处理，30% 以上的农户没有普及卫生厕所，水冲厕所比例更低。补上这些短板，亟须加大农业农村投资建设力度。

围绕农业农村基础设施领域突出短板，《意见》着重提出要加快高标准农田、农产品仓储保鲜冷链物流设施、现代农业园区、动植物保护、沿海现代渔港、农村人居环境整治、农村供水保障、乡镇污水处理、智慧农业和数字乡村、农村公路、农村电网 11 个方面的农业农村重大工程项目建设。这里既有打基础、管长远的现代农业设施工程，又有关乎民生的农村基础设施和公共服务工程，还包括推动传统农业向现代农业转型升级的新基建工程。当前和今后一段时间，扩大农业农村有效投资就要围绕这些重大领域，谋划重大工程项目，真金白银地投、实打实地干。具体来说，围绕促进稳产保供，重点是加大高标准农田、规模化标准化养殖场、现代种业、动植物保护等方面投入力度，加强耕地、种子、装备、灾害防控等关键基础设施建设，改善农业生产设施条件，切实提升粮食、生猪等重要农产品稳产保供和抗灾减灾能力。围绕农业产业转型升级，重点是加大仓储保鲜冷链物流、现代农业产业园、农业科技创新条件能力建设等方面投入力度，推进农业向集约高效、绿色安全方向转变，促进农业可持续发展。围绕提升农村公共服务水平，重点是加大农村人居环境整治、农村供水保障、乡镇污水治理、村庄道路建设、农村电网建设等方面投入力度，不断促进乡村建设向更高水平推进，努力建成更多美丽宜居的新农村，推动缩小城乡居民基本生活条件方面的差距。围绕新型基础设施建设，重点是加大智慧农业、数字乡村建设等方面投入力度，推动农业农村向信息化、智能化、融合化方向发展，给农业农村赋能，提升现代化生产水平，形成更多

新的增长点、增长极。

三、扩大农业农村投资的政策措施

扩大农业农村投资需要多措并举、共同发力。《意见》从扩大地方政府债券用于农业农村规模、保障财政支农投入等方面提出了扩大农业农村有效投资的政策措施。当前，扩大农业农村有效投资关键是抓住国家扩大地方政府债券发行规模的难得机遇，努力增加用于农业农村规模。地方政府债券是中央部署支持地方"补短板"的重要政策工具，近年来发行规模不断扩大。2020年，中央大幅增加地方政府债券发行额度，《政府工作报告》明确发行3.75万亿元地方政府专项债券，比2019年增加了1.6万亿元，并明确支持现代农业设施、饮水安全工程和人居环境整治建设。同时，还要发行抗疫特别国债1万亿元。上半年，地方政府专项债券发行已发行2.23万亿元，27个省份发行用于农业农村的专项债券865亿元，安徽、四川、江西、山东、浙江、甘肃等省发行规模相对较大，而且形成了高标准农田专项债、村庄整治专项债等一批成功发行的典型模式。如江西省由县级政府作为举债主体，以高标准农田建设新增耕地指标出让收益和耕地产能提升收益作为偿债来源，在全国率先发行高标准农田建设专项债，累计分两批打包发行78.39亿元，在此基础上统筹财政资金等投入将高标准农田建设标准从每亩1 500元提高到3 000元，高质量建设高标准农田1 158万亩。但总体上看，地方政府专项债券用于农业农村规模占比还较低，不到4%，这与补上全面小康"三农"短板的任务要求不符，与乡村振兴的形势需要不符。贯彻落实中央要求，《意见》明确要扩大地方政府债券用于农业农村规模，通过地方政府专项债券增加用于农业农村的投入，加大对农业农村基础设施等重大项目的支持力度，重点支持符合专项债券发行使用条件的高标准农田、农产品仓储保鲜冷链物流等现代农业设施、农村人居环境整治、乡镇污水治理等政府投资项目建设。同时，还明确各地应通过地方政府一般债券用于支持符合条件的乡村振兴项目建设，按规定将抗疫特别国债资金用于有一定收益保障的农林水利等基础设施建设项目。落实这些政策，需要各地农业农村部门以及其他涉农部门，抢抓机遇，积极争取政府重视，要把农业农村作为债券支持重点，主动加强与财政等部门的衔接联动，细化操作指引，结合实际采取打捆打包等有效方式，努力提高后续债券发行用于农业农村的比例。

在保障财政支农投入上，近年来，中央财政用于农林水的支出稳定增长。2020年受疫情影响，在财政收入下滑、收支平衡趋紧的情况下，中央财政仍实现了对农林水支出的稳定增长，中央预算内投资对农业基础设施的支持力度只增不减。此次《意见》进一步强调，中央和地方财政要加强"三农"投入保障，中央预算内投资继续向"三农"补短板重大工程项目倾斜，提高土地出让收入用于农业农村比例，扩大以工代赈规模。

四、提振民间资本投资农业农村的信心

民间资本常年占第一产业固定资产投资的80%左右，是农业农村投资的主力军。但近年来受多种因素影响，民间资本投资信心明显下滑，对于促进农业农村投资稳定和可持续带来不利影响。扭转这一趋势，关键要在优化投资环境、增强投资者信心上下功夫，出台落实支持鼓励投资的政策，帮助解决融资、用地等制约，《意见》在这方面提出了明确的要求。

在金融支农政策上，为解决农业农村投资主体"融资难""融资贵"问题，《意见》要求抓紧出台普惠金融支持新型农业经营主体发展的政策举措，创新金融产品与服务，全面推行温室大棚、养殖圈舍、大型农机、土地经营权抵押融资。要求金融机构与政府性融资担保机构合作，特别是切实发挥好全国农业信贷担保体系作用，通过提供新型经营主体推荐名单、推荐项目等方式，增加信贷投放。同时，提出要大力发展对新型农业经营主体信用贷、首贷业务。《意见》也对完善农业保险试点，推动建立多层次、高保障、符合农业产业发展需要的保险产品体系进行了

再部署。总之，就是千方百计疏通渠道，把金融"活水"引入农业农村投资，让投资主体贷得到款、有钱去投资。

在营造良好投资环境上，主要推动解决制约民间投资的土地、环保等瓶颈。农业农村部与自然资源部已联合下发了关于设施农业用地管理的通知，与生态环保部联合下发了关于进一步做好生猪规模养殖环评管理工作的通知。2020年中央一号文件也对支持乡村产业发展用地政策，对家庭农场、农民合作社、产业化龙头企业在农村建设的保鲜仓储设施用电实行农业生产用电价格提出了明确要求等。2020年4月，农业农村部出台了《社会资本投资农业农村指引》，梳理了农业农村现代化建设的重点产业和领域，提出了鼓励支持社会资本投入的财政政策、产业政策，对于带动农业农村投资回暖起到积极作用。着眼于积极引导鼓励社会资本投资农业农村，《意见》进一步明确要求各地区制定出台社会资本投资农业农村的指导意见，细化落实用地、环评等政策措施，落实好中央出台的各项促进农业农村投资政策，增强社会资本投资信心。同时，要求充分发挥政府投资基金作用，加快实施一批PPP项目，支持发行公司信用债券，加大农业企业在公开市场股票发行支持力度。

第七章　加大改善民生力度，增强农民的获得感、幸福感、安全感

第一节　农村居民社会保障政策

十九大报告指出要解决好病有所医、老有所养、住有所居、弱有所扶的问题，就必须进一步加大对困难群众基本生活保障资金投入，全面建成覆盖城乡居民的社会保障体系。为此，党和政府及相关部门在此期间出台和完善了农村居民社会保障政策。农村居民社会保障政策是针对农民的需求按照法律规定的比例，让农民交一部分资金，同时国家交一部分资金，为农民的生活提供基本的物质保障。主要包括农村居民医疗保障政策、农村居民养老保障政策和农村居民最低生活保障政策。

一、农村居民医疗保障政策

农村居民医疗保障政策是指为了解决农村居民看病难就医难和"因病致贫、因病返贫"等问题而制定的政策。农村居民医疗保障政策主要包括以下两个方面。

一是医护人才建设方面。2021年，国家卫生健康委、国家发展改革委、国家乡村振兴局等13部门联合印发了《巩固拓展健康扶贫成果同乡村振兴有效衔接实施意见的通知》（以下简称《实施意见》）。《实施意见》中称，力争到2025年，农村低收入人口基本医疗卫生保障水平明显提升，全生命周期健康服务逐步完善；脱贫地区县乡村三级医疗卫生服务体系进一步完善，设施

条件进一步改善，服务能力和可及性进一步提升；重大疾病危害得到控制和消除，卫生环境进一步改善，居民健康素养明显提升；城乡、区域间卫生资源配置逐步均衡，居民健康水平差距进一步缩小；基本医疗有保障成果持续巩固，乡村医疗卫生机构和人员"空白点"持续实现动态清零，健康乡村建设取得明显成效。其中，为了加强基层医疗卫生人才队伍建设。《实施意见》明确了：对脱贫地区基层医疗卫生机构，在编制、职称评定等方面给予政策支持。因地制宜加大本土人才培养力度，逐步扩大订单定向免费医学生培养规模，中央财政继续支持为中西部乡镇卫生院培养本科定向医学生，各地要结合实际为村卫生室和边远地区乡镇卫生院培养一批高职定向医学生，落实就业安置和履约管理责任，强化属地管理，建立联合违约惩戒机制。积极支持引导在岗执业（助理）医师参加转岗培训，注册从事全科医疗工作。继续实施全科医生特岗计划。落实基层卫生健康人才招聘政策，乡镇卫生院公开招聘大学本科及以上毕业生、县级医疗卫生机构招聘中级职称或者硕士以上人员和全科医学、妇产科、儿保科、儿科、精神心理科、出生缺陷防治等急需紧缺专业人才，可采取面试（技术操作）、直接考察等方式公开招聘；对公开招聘报名后形不成竞争的，可适当降低开考比例，或不设开考比例划定合格分数线。鼓励脱贫地区全面推广"县管乡用""乡管村用"。继续推进基层卫生职称改革，对长期在艰苦边远地区和基层一线工作的卫生专业技术人员，业绩突出、表现优秀的，可放宽学历等要求，同等条件下优先评聘。执业医师晋升为副高级技术职称，应当有累计一年以上在县级以下或者对口支援的医疗卫生机构提供医疗卫生服务经历。各类培训项目优先满足脱贫地区需求，培训计划单列下达，培训对象同等条件下予以优先招收。加强乡村医生队伍建设，逐步建立乡村医生退出机制。各地要支持和引导符合条件的乡村医生按规定参加职工基本养老保险。不属于职工基本养老保险覆盖范围的乡村医生，可在户籍地参加城乡居民基本养老保险。对于年满60周岁的乡村医生，各地要结合实际，采取补助等多种形式，进一步提高乡村医生养老待遇。

二是农村医疗保障制度方面。《关于进一步完善医疗救助制度全面开展重特大疾病医疗救助工作的意见》《关于推进新型农村合作医疗支付方式改革工作的指导意见》《关于做好新型农村合作医疗跨省就医费用核查和结报工作的指导意见》《关于印发全国新型农村合作医疗异地就医联网结报实施方案的通知》等政策指出，要进一步提高政府财政部门对农村居民医疗保险的补助力度。2021年6月8日，国家医疗保障局会同财政部、国家税务总局印发《关于做好2021年城乡居民基本医疗保障工作的通知》指出了以下几条规定：一是居民医保人均财政补助标准增加30元，达到每人每年财政补助不低于580元；二是参保居民医保每人每年需要缴费320元，相比于之前个人缴费再次提高40元；三是加强基本医保、大病保险和医疗救助三重保障制度的内容衔接；四是抓好高血压、糖尿病门诊用药保障政策落实的问题，健全重特大疾病医疗保险和救助制度，规范待遇享受等待期。

二、农村居民养老保障政策

农村居民养老保障政策是为了提高广大农村老年人生活水平和质量，减轻农村居民的养老负担，实现"老有所养"而制定的政策。随着农村老年人口的不断增加，目前农村养老面临着较大的问题。中央一号文件指出要加快构建养老服务体系，建设多种农村养老服务；实现新型农村社会养老保险制度全面覆盖，城乡居民基本保险制度相融合。根据中央一号文件的内容，农村居民养老保障政策涉及农村社会养老保险和养老服务两个方面。

一是农村社会养老保险方面。《关于建立统一的城乡居民基本养老保险制度的意见》等相关政策指出，要合并城乡居民基本养老保险制度；健全新型农村社会养老保险体系，运用科学合理的方式稳步提高城乡居民基础养老金标准；引导农村居民提高养老保险的缴费额度，从而增加养老金的发放额度。

二是农村社会养老服务方面。《关于促进农村生活服务业发展扩大农村服务消费的指导意见》《关于支持整合改造闲置社会资源发展养老服务的通知》《"十三五"国家老龄事业发展和养老体系建设规划》等相关政策指出要加快构建农村社会养老服务体系，加大支持力度，充分利用现有农村服务资源和闲置的场地（如废弃厂房、医院、闲置的办公室等），通过新建或改扩建等方式，加强养老服务中心建设，完善浴室、文化室、娱乐室等综合服务设施，集中提供健康管理、助餐、助浴、理发、文化等综合性服务，为残疾人和高龄、失能老人提供全天候陪护服务。为贯彻落实党中央、国务院关于健全农村留守老年人关爱服务体系的决策部署，2017年，民政部、公安部、司法部、财政部、人力资源社会保障部、文化部、卫生计生委、国务院扶贫办、全国老龄办9个部门联合印发了《关于加强农村留守老年人关爱服务工作的意见》，推动各地建立健全家庭尽责、基层主导、社会协同、全民行动、政府支持保障的农村留守老年人关爱服务机制。目前，全国各省份均制定了加强农村留守老年人关爱服务体系的专项政策文件或实施细则。

三、农村居民最低生活保障政策

农村居民最低生活保障政策主要是指政府为因病残、年老体弱、丧失劳动能力等原因造成生活困难的家庭，每年人均收入低于当地最低生活水平标准的农民，提供最基本的生活补贴，以满足他们最基本的生活需要。

在农村低保方面，党的十九大报告指出要统筹城乡社会救助体系，完善最低生活保障制度。中央一号文件与政府工作报告也多次指出，要切实改进农村社会救助工作，加强农村最低生活保障的规范管理，不断提高农村最低生活保障的标准；全面建立临时救助制度，实现农村低保全覆盖，使符合条件的农村贫困人口都进入农村最低生活保障的范围；改进农村最低生活保障申请家庭经济状况核查机制，实现农村最低生活保障制度与扶贫开发政策有效衔接，切实改善农村困难群体的基本生活。

第二节 留守人群保障服务政策

近年来,党和政府高度重视关系一切农民福祉的政策体系建设。十八大和十九大报告都提出要健全留守儿童、留守妇女和留守老人的关爱服务体系。相关部门也出台了一系列关于留守人群保障服务的政策文件,其中留守人群的保障服务政策又分为留守儿童保障服务政策、留守妇女保障服务政策、留守老人保障服务政策。

一、留守儿童保障服务政策

党和政府历来非常重视留守儿童关爱教育问题。留守儿童作为儿童所应享有的基本权益保障,在《中华人民共和国义务教育法》《中华人民共和国未成年人保护法》以及不久前颁布的《中华人民共和国家庭教育促进法》等法律中已予以落实。同时,为进一步落实留守儿童的关爱教育保障问题,国家在制定出台的《国家中长期教育改革和发展规划纲要(2010—2020年)》《中国儿童发展纲要(2011—2020年)》《国家贫困地区儿童发展规划(2014—2020年)》等规划纲要中均涉及留守儿童关爱教育政策,其政策主要体现在为留守儿童提供入园、入学和在学校住宿等基本保障,同时通过不断健全农村留守儿童服务机制,加强对留守儿童心理、情感和行为指导,努力提高留守儿童家长的监护意识和责任。

党的十八大以来,以习近平同志为核心的党中央高度重视留守儿童教育问题。2015年6月16—18日,习近平总书记在贵州调研考察时指出"要关心留守儿童、留守老年人,完善工作机制和措施,加强管理和服务,让他们都能感受到社会主义大家庭的温暖"。针对留守儿童教育问题,近年来我国先后出台了《国务院关于进一步做好为农民工服务工作的意见》《国务院关于加强农村留守儿童关爱保护工作的意见》《教育部等五部门关于加强义务教育阶段农村留守儿童关爱和教育工作的意见》《民政部等十部委关于进一步健全农村留守儿童和困境儿童关爱服务体系的意见》以及《民政部等六部门关于劳动密集型企业进一步加强农村留守儿童和困境儿童关爱服务工作的指导意见》等政策文件。政策围绕留守儿童的基本生活与照料、关爱教育与健康成长等方面构建了系统性的政策保障体系，进一步明确了留守儿童的家庭监护主体责任，落实县、乡各级政府及村级组织的责任，加大教育部门和学校的关爱保护力度，以及发挥群团组织关爱服务优势和调动社会力量参与等，建立健全了包括政府、家庭、学校以及社会等在内的留守儿童保护政策措施和工作机制，充分保障了留守儿童的关爱教育问题。

习近平总书记在党的十九大报告中作出了"中国特色社会主义进入新时代"的重大判断，并强调"健全农村留守儿童和妇女、老年人关爱服务体系"。党的十九届五中全会审议通过的《中共中央关于制定国民经济和社会发展第十四个五年规划和二〇三五年远景目标的建议》，明确提出了"健全学校家庭社会协同育人机制……增强学生文明素养、社会责任意识、实践本领，重视青少年身体素质和心理健康教育……提高民族地区教育质量和水平"等高质量教育体系建设内容。教育部相关司局负责人指出，加强家庭教育指导服务，加大特殊困难群体帮扶，巩固教育脱贫攻坚的工作成果，有效衔接乡村振兴。在全面建设高质量教育体系的新时代背景下，留守儿童关爱教育同样需要准确把握新发展阶段、贯彻新发展理念、构建新发展格局。

二、留守妇女保障服务政策

根据健全农村"三留守群体"关爱服务体系相关政策要求，政府和有关部门制定了一系列关于留守妇女保障服务的具体政策，主要涉及留守妇女政治权益、留守妇女人身财产权益以及留守妇女的劳动就业权益等方面。

第七章　加大改善民生力度，增强农民的获得感、幸福感、安全感

一是政治权益方面。2018年修正的《中华人民共和国妇女权益保障法》等政策文件提出，要维护妇女在政治参与方面的合法权益，保证妇女和男子享有平等的政治权利，保证妇女享有与男子平等的选举权和被选举权，在全国人民代表大会和地方各级人民代表大会代表中要保证有适当数量的妇女代表，同时要提高妇女代表的比例。

二是人身财产权益方面。2015年《关于加大改革创新力度加快农业现代化建设的若干意见》等政策文件提出，要抓紧修改农村土地承包方面的法律，明确通过什么样的具体方式才能实现现有土地承包关系保持稳定并长久不变，辨清农村土地集体所有权、农户承包权、土地经营权之间的权利关系，保障好农村妇女的土地承包权益；同时，相关文件规定"妇女在农村土地承包经营、集体经济组织收益分配、土地征收或者征用补偿费使用以及宅基地使用等方面，享有与男子平等的权利。"这些政策在一定程度上很好地保障了农村留守妇女的土地权益。

三是劳动就业权益方面。2016年《关于落实发展新理念加快农业现代化实现全面小康目标的若干意见》等政策文件提出，各地政府和相关部门要加大对农村妇女就业创业的资金支持，加大妇女小额担保贷款实施力度，加大对农村妇女的技术能力培训，支持农村妇女发展家庭手工业；同时，各级人民政府和有关部门应当采取措施，根据城镇和农村妇女的需要，组织妇女接受职业教育和实用技术培训，以及实行男女同工同酬等。妇女在享受福利待遇方面享有与男子平等的权利，这在一定程度上保障了农村留守妇女在接受职业教育、技能培训以及就业方面的合法权益。

三、留守老人保障服务政策

根据健全农村"三留守群体"关爱服务体系的相关政策文件要求，政府和有关部门制定了一系列关于留守老人保障服务的具

体政策,主要涉及留守老人受赡养权的保障、留守老人的健康权益保障以及留守老人的受教育权益保障等方面。

一是受赡养权保障服务方面。2017年《国务院办公厅关于制定和实施老年人照顾服务项目的意见》等政策文件提出,政府要加大基本公共服务资源向农村倾斜配置力度,使农村老人都能享受到照顾服务。在照顾服务过程中,发动子女和亲友之间的作用,强化照顾服务过程中的代际支持,规定农村老年人没有义务承担兴办公益事业,保障老年人享受被照顾的合法权益,从而保障老年人安享晚年,这在一定程度上也保障了留守老人受赡养的合法权益。

二是健康权益保障服务方面。2018年修订的《中华人民共和国老年人权益保障法》是保障老年人合法权益,发展老龄事业,弘扬中华民族敬老、养老、助老的美德而制定的法律。它对于保护老年人的合法权益,发挥着重要的作用。

三是受教育权益保障服务方面。2016年《关于进一步推进社区教育发展的意见》等政策文件提到要重视农村居民的教育工作,重视开展农村留守老人等重点人群的培训服务,为留守老人提供精神文化方面的培训服务,在一定程度上满足了留守老人精神文化需要,保障了留守老人的受教育权益。

留守人群保障服务政策的出台和完善,在一定程度上满足了留守群体的多元化需求,在减少留守问题的发生以及维护农村社区的稳定上都具有一定的积极成效。

第三节 农村创新创业带头人培育行动

2020年,农业农村部、国家发展改革委、教育部、科技部、财政部、人力资源社会保障部、自然资源部、退役军人事务部和银保监会9部委联合印发《关于深入实施农村创新创业带头人培育行动的意见》,要求各地加强指导服务,优化创业环境,培育一批饱含乡土情怀、具有超前眼光、充满创业激情、富有奉献精

第七章 加大改善民生力度,增强农民的获得感、幸福感、安全感

神,带动农村经济发展和农民就业增收的农村创新创业带头人。力争到 2025 年,培育农村创新创业带头人 100 万以上,基本实现农业重点县的行政村全覆盖。

一、农村创新创业带头人培育行动的意义

农村创新创业带头人饱含乡土情怀、具有超前眼光、充满创业激情、富有奉献精神,是带动农村经济发展和农民就业增收的乡村企业家。培育农村创新创业带头人,就是培育农村创新创业的"领头雁",培育乡村产业发展的动能。受新冠肺炎疫情影响,全球产业链、供应链产生较大变化,未来我国和全球的生产、贸易将发生长远和深刻的变化。在此背景下,实施农村创新创业带头人培育行动,正逢其时,意义重大。

一是实施国家创新驱动战略的迫切需要。近年来,农村创新创业日益成为国家创新驱动战略的重要"战场"。当前,我国经济已由高速增长阶段转向高质量发展阶段,大众创业万众创新持续向更大范围、更高层次和更深程度推进,对推动农村创新创业提出新的更高要求。但与城市相比,农村创新创业还存在质量相对较低,配套政策、服务和基础设施还相对薄弱等问题,亟须培育一批农村创新创业带头人,促进农村创新创业高质量发展。

二是实施乡村振兴战略的迫切需要。产业兴旺是乡村振兴的重点,创新创业是乡村产业振兴的动能。实施农村创新创业带头人培育行动,有利于吸引更多农民工、大中专毕业生、退役军人、科研人员等返乡入乡在乡开办新企业、开发新产品、开拓新市场、培育新业态,有利于促进农业与现代产业跨界配置要素,打通城乡人才、技术、资金等要素双向流动渠道,促进乡村全面振兴。

三是全面建成小康社会的迫切需要。全面建成小康社会,短板在农村,难点是农村贫困人口脱贫。突发的新冠肺炎疫情,对农民工返城返岗就业造成冲击,影响农民就业增收。实施农村创

新创业带头人培育行动，培育一批带动农村经济发展和农民就业增收的乡村企业家，有利于激发返乡入乡人员自主创业、主动就业，形成创新带创业、创业带就业、就业促增收、致富奔小康的良好局面。

二、农村创新创业带头人培育行动的重点

近年来，返乡入乡创新创业已成为一种趋势。一大批农民工返乡创业，一大批退役军人、大中专毕业生和科技人员入乡创业，一大批"田秀才""土专家""乡创客"和能工巧匠在乡创业。这些都是培育农村创新创业带头人的重点对象。

一是扶持返乡创业农民工。返乡农民工具有一定的资金积累、技术专长、市场信息和经营头脑，他们是农村创新创业带头人的主体。据调查，返乡农民工占农村创新创业人员的70%，他们的创业成绩决定了农村创新创业总体情况。要支持引导返乡农民工重点发展特色种植业、规模养殖业、加工流通业、乡村服务业、休闲旅游业、劳动密集型制造业等，吸纳更多农村劳动力就地就近就业。

二是鼓励入乡创业人员。近年来，大量经过系统教育训练、具有一技之长或掌握前沿科技的大中专毕业生、退役军人和科技人员入乡创业，为农村创新创业引入了新理念、应用了新技术、开发了新产品、拓展了新市场。要加快营造引得进、留得住、干得好的乡村营商环境，鼓励更多入乡人员发展智创、文创、农创等创意新颖、受众年轻、效益良好的乡村新产业新业态，通过培育一批优秀的入乡创业带头人，带动更多农民学技术、闯市场、创品牌，提升乡村产业的层次水平。

三是发掘在乡创业能人。在乡村，潜藏有大批传承中国乡土文化、手工技艺等的"田秀才""土专家""乡创客"和能工巧匠。我们要将这些乡土人才挖掘出来，支持他们创办家庭工场、手工作坊、乡村车间，培育一批在乡创业能人，打造一批"乡字

号""土字号"乡土特色产品,保护传统手工艺,发掘乡村非物质文化遗产资源,带动农民就业增收。

三、农村创新创业带头人培育行动的政策支持

实施农村创新创业带头人培育行动,主要从"钱、地、人"三方面给予政策支持。

1. 在钱的方面

一是落实创业一次性补贴政策。对首次创业、正常经营 1 年以上的农村创新创业带头人,按规定给予一次性创业补贴。二是加强金融扶持。落实创业担保贷款贴息政策,重点扶持农村创新创业带头人。发挥国家融资担保基金等政府性融资担保体系作用,积极为农村创新创业带头人提供融资担保。此外,鼓励各地统筹利用现有资金渠道或有条件的地区因地制宜设立返乡入乡创业资金,并引导各类产业发展基金、创业投资基金投入农村创新创业带头人创办的项目。允许发行地方政府专项债券,支持农村创新创业园和孵化实训基地中符合条件的项目建设。

2. 在地的方面

一是强化用地计划保障。各地新编县乡级国土空间规划、省级制定土地利用年度计划应做好农村创新创业用地保障。二是盘活现有土地资源。支持开展县域农村闲置宅基地、农业生产与村庄建设复合用地、村庄空闲地等土地综合整治,农村集体经营性建设用地、复垦腾退建设用地指标,优先用于乡村新产业新业态和返乡入乡创新创业。

3. 在人的方面

一是政策激励。将农村创新创业带头人及其所需人才纳入地方政府人才引进政策奖励和住房补贴等范围。支持和鼓励科研人员按国家有关规定离岗入乡创业,允许科技人员以科技成果作价入股农村创新创业企业。二是社会保障。对符合条件的农村创新创业带头人及其共同生活的配偶、子女和父母全面放开城镇落户

限制，纳入城镇住房保障范围，增加优质教育、住房等供给。加快推进全国统一的社会保险公共服务平台建设，切实为农村创新创业带头人及其所需人才妥善办理社保关系转移接续。

四、农村创新创业的风险防控

要解决好这个问题，重点是要加强创业培训，搭建创业平台，优化创业服务。

一是加强创业培训。要扩大培训范围，将农村创新创业带头人纳入创业培训重点对象，支持有意愿人员参加创业培训，符合条件的按规定纳入职业培训补贴范围。要创新培训方式，充分利用门户网站、远程视频、云互动平台等现代信息技术手段，提供灵活便捷的在线培训。要提升培训质量，推行互动教学、案例教学和现场观摩教学，组建专业化、规模化、制度化的创新创业导师队伍和专家顾问团，建立"一对一""师带徒"培养机制。

二是提供优质服务。要建设服务窗口，支持鼓励各级政府在门户网站设立农村创新创业网页专栏，县乡政府在政务大厅设立农村创新创业服务窗口，充分发挥基层乡村产业服务指导机构作用。要提供一站式服务，打通部门间信息查询互认通道，集中提供项目选择、技术支持、政策咨询、注册代办等一站式服务，推进政务服务"一网通办"、扶持政策"一键查询"。

三是搭建创业平台。要建设农村创新创业园区，依托现代农业产业园、农产品加工园、高新技术园区等，建设一批乡情浓厚、特色突出、设施齐全的农村创新创业园区，吸纳农村创新创业企业入驻。要建设农村创新创业孵化实训基地，支持有条件的职业院校、企业深化校企合作，依托大型农业企业、知名村镇、大中专院校等建设一批集"预孵化＋孵化器＋加速器＋稳定器"于一体的全产业链的农村创新创业孵化实训基地，帮助农村创新创业带头人开展上下游配套创业。

四是拓宽服务渠道。要培育社会化服务机构，积极培育市场化中介服务机构，发挥行业协会商会作用，组建农村创新创业联盟,实现信息共享、抱团创业。要发展互联网创业,建立"互联网+创新创业"模式,推进农村创新创业带头人在线、实时与资本、技术、商超和电商对接,利用5G技术、云平台和大数据等创新创业。

主要参考文献

李玉坪,万翔辉,赵强,2020.新时代三农政策[M].北京:中国农业科学技术出版社.

农业部产业政策与法规司,2017.三农政策简明读本[M].北京:中国农业出版社.

张成贵,何阳,2018.新时代"三农"政策简明读本[M].兰州:兰州大学出版社.